이펙티브 자바스크립트
**Effective JavaScript**

Effective JavaScript
by David Herman

이펙티브 자바스크립트 Effective JavaScript

**초판 1쇄 발행** 2013년 8월 21일 **2쇄 발행** 2021년 12월 6일 **지은이** 데이비드 허먼 **옮긴이** 김준기 **펴낸이** 한기성 **펴낸곳**
(주)도서출판인사이트 **제작·관리** 이유현, 박미경 **용지** 월드페이퍼 **출력·인쇄** 에스제이피앤비 **제본** 서정바인텍 **등록번호**
제2002-000049호 **등록일자** 2002년 2월 19일 **주소** 서울특별시 마포구 연남로5길 19-5 **전화** 02-322-5143 **팩스** 02-3143-
5579 **블로그** http://blog.insightbook.co.kr **이메일** insight@insightbook.co.kr **ISBN** 978-89-6626-085-0 책값은 뒤표지에
있습니다. 잘못 만들어진 책은 바꾸어 드립니다. 이 책의 정오표는 http://blog.insightbook.co.kr에서 확인하실 수 있습니다.

# 이펙티브
# 자바스크립트

데이비드 허먼 지음 | 김준기 옮김

인사이트

# 차례 ──────────────────────────────

## 옮긴이의 글 ──────────────────

뭐 세상에 쉬운 일이 어디 있겠냐만은 기술 서적 번역이란 역시나 힘든 작업이다. 압박감과 함께 항상 충혈된 눈을 자연스레 선물받게 되고, 항상 스트레스로 가득해 누군가 옆에서 콕하고 찌르면 성난 복어처럼 가시를 세우거나, 더위 먹은 사냥개처럼 으르렁대기 십상이다. 본인만 그럴지도 모르겠지만 말이다.

그럼에도 불구하고, 또 다시 덜컥 번역 계약을 맺었다. 이유는 간단했다. 책이 너무나 좋았기 때문이다. 『이펙티브 자바스크립트』는 기존의 이펙티브 개발서와 맥을 같이 하는 시리즈이며, 내용은 명쾌하고 분량도 질리지 않을 정도로 적당한 책이다. 시기 적절한 타이밍에 괜찮은 책의 번역 작업을 추천받아 별 고민 없이 덜컥 작업을 시작했다.

이 책은 다른 이펙티브 개발서 시리즈와 비슷하게, 지은이의 자바스크립트 개발 노하우를 68개의 아이템으로 나누어 명료하게 전달한다. 아이템 하나하나가 오랜 경험과 다양한 사례를 통해 얻어진 주옥 같은 명언처럼 느껴진다고 해도 과언이 아니다. 이제는 자바스크립트 관련 서적만으로도 서재 한 칸을 가득 채울 수 있을 만큼 다양한 책들이 존재하지만, 이 책은 조금 더 특별하다. 여전히 자바스크립트를 사용하면서 이상하다고 느끼거나, 모호한 점이 있다면 한 번쯤 꼭 이 책을 읽어보기를 권한다. 초급 자바스크립트 개발자 뿐만 아니라, 중고급 개발자에게도 분명히 도움이 될만한 내용들이 많다고 생각한다. 역자 역시 번역 중에 새로 배우기도 하고 그동안 체득한 내용을 정리하는 기회를 얻기도 했다.

홀로 번역한 건 처음이다. 최선을 다하고자 노력했지만 여전히 부족한 점이 많으리라 생각한다. 너그러이 봐주셨으면 좋겠고, 이 책을 읽는 모든 분에게 가치 있는 책이기를, 도움이 되기를 진심으로 바란다.

마지막으로, 항상 옆에서 서슴없는 질책과 충고, 아낌없는 칭찬과 격려로 내조해 준 사랑하는 아내, 그리고 곧 태어날 우리 부부의 첫 아기에게 고맙다는 말과 함께 이 책을 바친다.

2013년 7월 김준기

# 추천사 ────────────────────────

이미 잘 알려져 있겠지만 1995년 5월, 나는 '자바와 비슷해야 하고', '초보자에게도 쉬워야 하며', '넷스케이프 브라우저 내의 거의 모든 것을 제어할 수 있어야 한다'는 강압적이고도 강제적인 관리 명령하에 열흘 만에 자바스크립트를 만들었다.

　두 가지 중요한 기능인 일종 객체 함수(first-class function)와 객체 프로토타입을 올바르게 만드는 것을 제외하고, 미치도록 짧은 일정과 도전적인 과제를 충족시키기 위해 선택한 나만의 해결책은, 자바스크립트를 시작부터 극도로 유연하게 만드는 것이었다. 나는 개발자들이 버그를 수정하기 위해 처음 몇 개의 버전을 '패치'하리라 생각했고, 내가 내장 라이브러리를 날림으로 해치운 것보다 더 나은 방법으로 접근하겠지라고도 생각했다. 다른 많은 언어들은 변하지 않도록 제한하는 것들이 있다. 예를 들어 빌트인 객체가 런타임에 수정되거나 확장되지 않고, 표준 라이브러리 이름의 바인딩이 할당에 의해 덮어 쓰일 수 없다. 이와 달리 자바스크립트는 모든 객체들의 수정을 거의 전적으로 허용한다.

　나는 이 결정이 균형 잡힌 좋은 설계라고 믿는다. 물론 이런 설계가 특정 도메인(예를 들어, 신뢰할 만하거나 그렇지 않은 코드가 브라우저의 보안 경계 내에서 안전하게 섞인 경우)에서는 분명히 도전과제를 안겨줄 것이라고 본다. 그러나 소위 몽키-패칭을 지원하기 위해서는 중대한 결정이었고, 그로 인해 개발자들이 표준 객체를 수정하고 버그를 회피하고 구형 브라우저에 미래의 기능을 에뮬레이션할 수 있게 되었다. (이를 소위 polyfill 라이브러리 'shim'*, 미국 영어에서는 'spackle'**이라고도 부른다.)

────────────────

* (옮긴이) shim은 틈새를 막기 위한 나무조각을 뜻한다.
** (옮긴이) spackle은 보수하는 데 쓰이는 회반죽의 일종이다.

이런 실제적인 사용법뿐만 아니라, 자바스크립트의 유연성은 혁신적인 사용자들을 자극해서 더 창조적인 방향으로 구성되고 성장할 수 있게 했다. 선구자들은 다른 언어들을 본떠 도구들과 프레임워크 라이브러리들을 만들었다. 예를 들어 루비를 본뜬 Prototype, 파이썬을 본뜬 MochiKit, 자바를 본뜬 Dojo, 스몰토크를 본뜬 TIBET 등이 있다. 이후 비교적 뒤늦게 세상에 나온 jQuery 라이브러리(감히 '자바스크립트의 새로운 물결'이라고 부를 수 있다)는 자바스크립트 세상을 폭풍처럼 강타했다. 나는 2007년에 처음 jQuery를 보았는데, 이는 다른 언어들에서 이어온 이전의 것들을 지양하고 구식의 자바스크립트 라이브러리들로부터 배우는 대신, 브라우저에 '질의와 실행' 모델을 만들어 급격히 단순화시켰다.

선구자들과 그들의 혁신적인 지인들은 이렇게 자바스크립트의 '홈 스타일'을 개발했다. 이 자바스크립트 홈 스타일은 현재까지도 다른 라이브러리들이 모방하고 단순화하고 있으며 최신 웹 표준화 노력에 반영되고 있기도 하다.

이러한 발전 속에서 자바스크립트는 여전히 하위 호환성(버그 호환성)*을 유지하며 기본적으로 수정 가능하다. 하지만 최신 버전의 ECMAScript 표준은 추가적인 특정 메서드를 제공하기도 한다. 확장을 막기 위해 객체를 고정시키거나 객체의 프로퍼티가 덮어써지지 않도록 막을 수도 있다. 또한 자바스크립트의 진화의 여정은 여전히 진행 중이다. 일반 언어나 생물학적인 시스템처럼 변화는 장기적으로 계속된다. 나는 여전히 하나의 '표준 라이브러리'나 코딩 스타일이 이전의 모든 것들을 대체할 수 있을 거라 예상하지 않는다.

어떤 언어도 행동의 기이한 특징(quirks)**에서 자유로울 수 없고, 전체적인 최선의 실천 방법을 기술할 수 있을 정도로 제한적일 수도 없다. 또한 자바스크립트는 행동의 기이한 특징이 없는 언어나 제한주의자의 생각과는 거리가 멀다(오히려 반대에 가깝다). 따라서 효과적인 개발을 위해, 대부분의 다른 프로프래밍

---

* (옮긴이) 하위(backward) 호환성을 버그(bugward) 호환성이라 비꼬아서 언급했다.
** (옮긴이) 브라우저에서 quirks mode는 standard mode와 대조적으로 웹 페이지의 하위 호환성을 위해 사용된다.

언어들과 마찬가지로 자바스크립트 개발자는 반드시 훌륭한 스타일과 적절한 사용법을 공부하고, 최선의 실천방법을 추구해야 한다. 무엇이 가장 효과적인지 고려할 때 중요한 것은, 경직되고 독단적이며 과도하게 제한하는 스타일 가이드를 만들지 않는 것이라고 믿는다.

이 책은 확실한 근거와 경험을 토대로 하여, 경직되거나 과도한 규칙으로 빗나가지 않으며 균형잡힌 접근 방법을 취한다. 이런 방법이 새로운 아이디어와 패러다임을 추구할 자유와 표현력을 희생하지 않고, 효과적인 자바스크립트를 작성하기 위한 책을 찾고 있는 독자에게 많은 도움을 주며 신뢰할 만한 가이드가 될 거라고 믿는다. 또한 훌륭한 예제들과 함께 집중해서 재미 있게 읽을 수 있을 것이다.

마지막으로, 나는 영광스럽게도 데이비드 허먼을 2006년부터 알고 지내왔다. 모질라(Mozilla)를 대표해서 그를 Ecma 표준의 중책에 앉히고자 처음 연락을 했었다. 이 책에서는 데이비드의 깊지만 허세부리지 않는 전문성과 그의 자바스크립트에 대한 열정이 매 페이지마다 빛난다. 브라보!

브랜든 아이크(Brendan Eich)

# 지은이의 글

프로그래밍 언어를 배우기 위해서는 그 언어의 문법 즉, 제대로 된 프로그램을 만들기 위한 형식과 구조들뿐만 아니라, 그 형식의 뜻이나 특성을 뜻하는 시맨틱을 알아야 한다. 또한 언어를 마스터하려면 효과적인 프로그램을 만드는 데 사용하는 언어의 기능을 이해해야 한다. 유연하고 표현력이 좋은 자바스크립트와 같은 언어의 경우 이런 실제적인 활용 방법은 파악하기가 특히 어려울 수 있다.

이 책은 자바스크립트의 실제적인 활용을 염두에 두고 있다. 이 책은 입문서가 아니다. 나는 여러분이 자바스크립트와 일반적인 프로그래밍에 어느 정도 친숙하다고 가정했다. 시중에는 더글러스 크록포드(Douglas Crockford)의 『JavaScript: The Good Parts』*나 마레인 하버비케(Marijn Haverbeke)의 『Eloquent JavaScript』**와 같은 훌륭한 자바스크립트 입문서가 많이 나와 있다. 이 책에서의 내 목표는 더 예측가능하고, 신뢰할 수 있고, 유지보수가 수월한 자바스크립트 애플리케이션과 라이브러리를 작성하기 위해 여러분이 자바스크립트를 더 효과적으로 사용할 수 있도록 돕는 것이다.

## 자바스크립트와 ECMAScript

이 책의 소재들을 알아보기 전에 몇 가지 용어들을 명확히 하는 게 도움이 될 것이다. 이 책은 주로 자바스크립트라는 언어에 대한 책이다. 하지만 언어를 설명하는 명세를 정의한 공식적인 표준은 ECMAScript라고 부른다. 역사는 복잡하지만 저작권의 문제로 축약할 수 있다. 법적인 이유로, 표준 기관인 Ecma International은 'JavaScript'라는 이름을 표준으로 사용할 수가 없다. (권리 침

---

* (옮긴이) 번역서는 『더글라스 크락포드의 자바스크립트 핵심 가이드』(2008, 한빛미디어)이다.
** (옮긴이) 번역서는 『자바스크립트 개론』(2013, 에이콘출판사)이다.

해에 대한 공격으로, 표준화 조직의 이름은 원래의 ECMA(European Computer Manufaturers Associantion)에서 대문자가 아닌 Ecma Internation로 바뀌었다. 이름을 바꿀 당시 대문자 이름 ECMAScript는 이미 사용되고 있었다.)

공식적으로, 사람들이 ECMAScript를 언급할 때 그들은 일반적으로 Ecma 표준를 구체화한 '이상적인' 언어를 가리킨다. 반면에, JavaScript라는 이름은 현존하는 실제 활용되고 있는 어떤 언어나 특정 회사의 구체적인 자바스크립트 엔진을 지칭할 수도 있다. 보통 사람들은 이 두 가지 용어를 서로 구분 없이 사용한다. 명확성과 일관성을 위해 이 책에서는 공식적인 표준을 언급할 때만 ECMAScript라고 부를 것이다. 이 외에는 자바스크립트로 칭할 것이다. 또한 일반적인 축약어인 ES5를 사용할 것이다. ES5는 ECMAScript 표준의 다섯 번째 에디션을 의미한다.

## 웹에서의 자바스크립트

웹을 논하지 않고 자바스크립트에 대해서 이야기하기는 매우 어렵다. 현재까지 자바스크립트는 클라이언트 측 애플리케이션 스크립팅을 위해 모든 주요 웹 브라우저에서 빌트인으로 지원하는 유일한 프로그래밍 언어다. 게다가, 최근 몇 년 간 자바스크립트는 Node.js 플랫폼의 등장과 함께 서버 측 애플리케이션을 구현하기 위한 언어로도 인기를 끌고 있다.

그럼에도 불구하고, 이 책은 자바스크립트에 관한 책이다. 웹프로그래밍에 관한 책은 아니다. 때로는 웹과 연관된 예제와 애플리케이션의 콘셉트에 대해서 이야기하는 것이 도움이 될 것이다. 하지만 이 책의 초점은 API들이나 웹 플랫폼의 기술보다는 언어의 문법, 시맨틱, 실제적인 활용과 같은 언어 자체에 맞춰져 있다.

## 동시성에 대해

자바스크립트의 이상한 면 중 하나는 동시적인 설정에 대한 동작이 완전히 기술되지 않았다는 점이다. 다섯 번째 에디션을 포함해 현재까지, ECMAScript 표준은 자바스크립트 프로그램의 상호대화적이거나 동시적인 환경에 대해서 전혀 언급하지 않고 있다. 이 책의 7장에서는 동시성(concurrency)에 대해 다루며, 기술적으로는 비공식적인 자바스크립트의 기능들에 대해서도 설명한다. 실제로는 모든 주요 자바스크립트 엔진이 똑같은 동시성 모델을 공유한다. 비록 동시성과 상호대화적인 프로그램에 대한 표준화는 아직 존재하지 않지만 이들은 자바스크립트 프로그래밍의 핵심적인 통합 개념이다. 사실, 미래에 발표될 ECMAScript의 새 표준은 이런 공유된 자바스크립트 동시성 모델의 관점을 정식으로 공식화할 것이다.

# 감사의 글 ——————————————————————

이 책은 자바스크립트의 창시자 브랜든 아이크(Brendan Eich)에게 엄청난 도움을 받았다. 자바스크립트 표준화에 참여할 수 있도록 초대해 주고 많은 조언과 함께 모질라에서의 경험을 지원해 준 그에게 진심으로 고맙게 생각한다.

이 책의 많은 소재들은 훌륭한 블로그 포스트와 온라인 기사들로부터 영감을 받았다. Ben "cowboy" Almen, Erik Arvidsson, Mathias Bynens, Tim "creationix" Caswell, Michaeljohn "inimino" Clement, Angus Croll, Andrew Dupont, Ariya Hidayat, Steven Levithan, Pan Thomakos, Jeff Walden, Juriy "kangax" Zaytsev의 포스트에서 많은 것을 배웠다. 물론 이 책의 궁극적인 핵심 자료는 다섯 번째 에디션부터 Allen Wirfs-Brock이 끊임없이 수정하고 갱신하는 ECMAScript 명세서다. 그리고 모질라 개발자 네트워크(Mozilla Developer Network)는 여전히 자바스크립트 API들과 기능들에 대한 가장 인상적이고 질 좋은 온라인 리소스였다.

이 책을 계획하고 작성하는 과정에 여러 조언자가 함께 했다. 이 책을 시작하기 전에 John Resig은 저작 활동에 대한 유용한 충고를 해주었다. Blake Kaplan과 Patrick Walton은 생각을 정리하고 초반에 이 책의 구성을 계획하는 데 도움을 주었다. 책을 쓰는 동안에는 Brian Anderson, Norbert Lindenberg, Sam Tobin-Hochstadt, Rick Waldron과 Patrick Walton이 큰 도움을 주었다.

Pearson의 직원들과 함께 일할 수 있어서 기뻤다. Olivia Basegio, Audrey Doyle, Trina MacDonald, Scott Meyers, Chris Zahn은 내 질문에 귀기울여 주었고, 늦어지는 원고를 이해해 주었다. 그리고 내 요청들을 수용해 주었다. 책을 쓰는 데 이보다 더 좋은 첫 번째 경험은 상상할 수가 없다. 또한 이 훌륭한 시리즈에 기여할 수 있다는 것이 정말로 영광스럽다. 나는 내가 Effective 시리즈의 책을 직접 쓰게 될 거라고 상상하기 훨씬 이전부터 『Effective C++』의 오랜 팬이었다.

기술 서적 에디터로 구성된 드림팀 같은 사람들과 같이 일하게 된 것은 엄청나게 운이 좋았다고 생각한다. Erik Arvidsson, Rebecca Murphey, Rick Waldron, Richard Worth가 이 책을 편집해 주고'가치를 따질 수도 없는 논평과 제안을 해주었다는 것이 영광스럽다. 진심으로 당혹스러운 오류를 여러 번 찾아내 나를 살려주기도 했다.

책을 쓰는 일은 내가 생각했던 것보다 훨씬 더 두려운 일이었다. 친구들과 동료들의 지원이 없었다면 아마도 정신을 놓았을지도 모르겠다. 그들이 알고 있었는지 모르겠지만 Andy Denmark, Rick Waldron과 Travis Winfrey는 내게 용기가 필요했던 때 나를 격려해 주었다.

이 책의 대부분은 샌프란시스코의 아름다운 Parkside 근교에 위치한 근사한 Java Beach Cafe에서 썼다. 직원들은 모두 내 이름을 알고 내가 주문하기 전에 무엇을 주문할지도 알고 있었다. 일하기에 편안한 공간과 음식과 카페인을 제공해 주어 고맙게 생각한다.

보송보송하고 조그마한 고양이 친구 Schmoopy는 이 책에 기여하기 위해 최선을 다했다. 내 무릎에 오르락내리락 했고 화면 앞에 앉아 있었다. (아마도 노트북의 온기 때문일 것이다.) Schmoopy는 2006년부터 내 충성스런 친구이며, 나는 이 조그만한 털뭉치가 없는 삶을 상상하고 싶지 않다.

내 가족은 모두 이 프로젝트가 시작할 때부터 끝날 때까지 매우 협조적이었고 흥분해 있었다. 슬프게도 조부모인 Frank와 Miriam Slamar 두 분은 이 마지막 결과물을 받아보지 못하고 세상을 떠나셨다.

마지막으로, 평생을 다 해도 갚을 수 없는 사랑을 준 내 연인 Lisa Silveria에게 고마움을 전한다.

# 1장

# 자바스크립트에 익숙해지기

자바스크립트는 개발자가 친근하게 느끼도록 설계되었다. 자바의 문법을 생각나게 하고, 함수, 배열, 딕셔너리 그리고 정규식처럼 다른 스크립트 언어들과도 공통점이 많다. 자바스크립트는 약간의 프로그래밍 경험만 있다면 어느 누구도 빠르게 습득할 수 있다. 또한 언어의 핵심 개념이 그리 많지 않기 때문에 초보 프로그래머도 비교적 적은 훈련만으로 프로그램 작성을 시작할 수 있다.

자바스크립트가 다가가기는 쉽지만, 마스터하기까지는 많은 시간이 필요하며, 코드의 의미와 특징, 그리고 가장 효과적인 코딩 관례에 대한 더 깊은 이해가 필요하다. 이 책의 각 장에서는 효과적인 자바스크립트의 각기 다른 주제들에 대해 다룬다. 첫 번째 장은 가장 기초적인 주제로 시작할 것이다.

아이템 1

# 어떤 자바스크립트를 사용하고 있는지 알아야 한다

대부분의 성공적인 다른 기술들처럼, 자바스크립트는 오랜 시간에 걸쳐 진화했다. 자바스크립트는 원래 인터랙티브한 웹페이지를 프로그래밍하기 위해 자바의 보충재로써 자리잡으려 했으나, 지금은 자바를 밀어내고 웹에서 지배적인 프로그래밍 언어가 되었다. 자바스크립트의 인기로 인해 1997년에는 ECMAScript라는 이름으로 전세계적인 표준으로 공식화되었다. 현재는 다양한 버전의 ECMAScript 표준을 지키는 여러 자바스크립트의 구현체들이 서로 경쟁하고 있다.

1999년에 완성된 세 번째 버전의 ECMAScript 표준은 현재까지 가장 폭넓게 지원되고 있는 자바스크립트다. 그 다음으로 대폭 개선된 표준은 2009년에 공개되었고 다섯 번째 에디션 또는 ES5(ECMAScript 5)라고 부른다. ES5에는 새로운 기능을 추가했을 뿐만 아니라 이미 널리 사용되고 있지만 구체화되지 않은 기능들을 표준화하기도 했다. ES5를 아직 모든 곳에서 지원하지는 않기 때문에 이 책의 전반에 걸쳐 ES5에만 적용되는 특정 항목이나 주의가 필요한 경우 반드시 언급할 것이다.

여러 표준 에디션뿐만 아니라 일부에서는 지원하지만 다른 곳에서는 지원하지 않는 비표준 기능들도 많다. 예를 들어, 여러 자바스크립트 엔진들은 변수를 선언할 때 const 키워드의 사용을 지원하지만, ECMAScript 표준은 const에 대한 어떤 문법이나 동작에 대해서도 정의하고 있지 않다. 게다가 const의 동작 방식이 구현체마다 다르기도 하다. 어떤 경우 const 변수는 다음과 같이 수정을 허용하지 않는다.

```
const PI = 3.141592653589793;
PI = "modified!";
PI; // 3.141592653589793
```

다른 구현에서는 var 선언과 동일하게 처리한다.

```
const PI = 3.141592653589793;
PI = "modified!";
PI; // "modified!"
```

자바스크립트의 오랜 역사와 다양한 구현체들 때문에 어떤 기능이 어느 플랫폼에서 사용가능한지 추적하기는 어렵다. 이 문제가 복잡한 이유는 사실 자바스크립트의 주요 생태계인 웹브라우저 때문이다. 웹브라우저는 개발자가 작성한 코드를 실행하기 위해 어떤 버전의 자바스크립트를 사용할 수 있는지 제어할 방법을 제공하지 않는다. 게다가 최종 사용자가 다른 버전 혹은 다른 웹 브라우저를 사용할 수도 있기 때문에 웹 프로그램은 모든 브라우저에서 지속적으로 동작할 수 있도록 주의해서 작성되어야 한다.

한편, 자바스크립트는 클라이언트 측 웹 프로그래밍에만 독점적으로 사용되지는 않는다. 서버 측 프로그램을 포함해 브라우저 확장이나 모바일, 데스크톱 애플리케이션을 위한 스크립팅에 사용하기도 한다. 이런 경우에는 사용가능한 자바스크립트의 버전이 더욱 구체적으로 정해질 수도 있으며, 이때는 해당 플랫폼의 특정한 자바스크립트 구현에 부합하는 추가적인 기능들을 사용하는 편이 더 낫다.

이 책은 주로 자바스크립트의 표준 기능에 대해서 다룬다. 그렇지만 표준이 아니더라도 폭넓게 지원되는 특정 기능들에 대해 논의하는 것 역시 중요하다. 더 새로운 표준이나 비표준 기능을 사용할 때, 이런 기능들을 지원하는 환경인지 아닌지를 반드시 숙지해야 한다. 그렇지 않으면, 여러분이 작성한 애플리케이션을 배포하고 나서 자신의 컴퓨터나 테스트 인프라에서는 의도한 대로 동작하지만 다른 환경에서 실행한 사용자에게는 그렇지 못한 상황에 처하게 될 것이다. 예를 들어, const는 비표준 기능을 지원하는 엔진에서 테스트할 때는 제대로 동작하지만, 배포된 이후에 const 키워드를 인식하지 못하는 웹브라우저에서 실행되면 문법 오류로 인해 실행되지 않을 수 있다.

ES5에는 다른 버전에 대한 대안으로 스트릭트(strict) 모드가 새로 추가되었다. 이 기능은 옵션을 통해 적용할 수 있는데, 특정 버전의 자바스크립트에서는 오류를 일으키기 쉽거나 문제를 일으킬 만한 기능들을 사용할 수 없게 만들 수 있다. 또한 문법의 하위 호환성이 유지되어, 스트릭트 모드 확인을 구현하지 않은 환경에서도 엄격한(스트릭트 모드의) 코드를 실행할 수 있게 했다. 스트릭트 모드는 프로그램의 맨 처음 부분에 다음과 같은 특별한 고정 문자열을 추가하면 활성화된다.

```
"use strict";
```

유사한 방법으로 함수의 본문 처음에 다음과 같이 명령어를 추가하여 함수 내에서 스트릭트 모드를 활성화시킬 수 있다.

```
function f(x) {
    "use strict";
    // ...
}
```

문자 리터럴을 명령어로 사용하는 문법이 약간 이상하게 보이지만, 이는 하위 호환성에 이점을 가진다. 문자 리터럴을 평가하는 것은 아무런 부작용이 없으므로 ES3 엔진은 이 명령어를 아무런 해가 없는 표현으로 실행시킨다. 즉, 문자열을 평가하고 그 값을 곧바로 제거한다. 이 방법은 구형 자바스크립트 엔진에서도 실행될 수 있는 스트릭트 모드의 코드를 작성할 수 있게 해주지만 큰 제한이 따른다. 오래된 엔진은 스트릭트 모드에 대한 어떠한 확인도 하지 않을 것이다. 스트릭트 모드로 작성한 코드를 ES5 환경에서 테스트하지 않는다면, 다음과 같이 제대로 실행되지 않는 코드를 작성할 가능성이 높다.

```
function f(x) {
    "use strict";
    var arguments = []; // 오류: arguments를 재정의함
    // ...
}
```

스트릭트 모드에서는 arguments 변수의 재정의를 허용하지 않는다. 하지만 스트릭트 모드 확인을 구현하지 않는 환경에서는 이 코드를 허용할 것이다. 이 코드를 상품화해 배포한다면 ES5를 구현한 환경에서는 프로그램이 오류를 낼 것이다. 따라서 스트릭트 모드로 작성한 코드는 항상 ES5를 완전히 지원하는

환경에서 테스트해야 한다.

스트릭트 모드를 사용할 때 조심해야 할 함정 중 하나는, "use strict" 명령어가 스크립트나 함수의 상단에 선언되었을 때만 인식되고, 이 때문에 스크립트 병합에 민감해진다는 점이다. 일반적으로 큰 애플리케이션은 여러 개의 분리된 파일로 작성하고 상품화와 배포 단계에서 하나로 합치게 된다. 다음과 같이 하나의 파일만 스트릭트 모드로 동작하도록 작성했다고 가정해보자.

```javascript
// file1.js
"use strict";
function f() {
    // ...
}
// ...
```

그리고 다른 파일은 스트릭트 모드로 작성하지 않았다고 하자.

```javascript
// file2.js
// 스트릭트 모드 명령어 없음
function g() {
    var arguments = [];
    // ...
}
// ...
```

이 두 파일을 어떻게 올바르게 합칠 수 있을까? files1.js를 앞에 두고 병합한다면 합쳐진 전체 파일은 스트릭트 모드로 동작할 것이다.

```javascript
// file1.js
"use strict";
function f() {
    // ...
}
// ...
// file2.js
// 스트릭트 모드 명령어 없음
function f() {
    var arguments = []; // 오류: arguments 재정의
    // ...
}
// ...
```

반대로 files2.js 파일부터 합쳤다면, 병합된 파일은 모두 스트릭트 모드로 동

작하지 않을 것이다.

```
// file2.js
// 스트릭트 모드 명령어 없음
function g() {
    var arguments = [];
    // ...
}
// ...
// file1.js
"use strict";
function f() { // 더 이상 스트릭트 모드로 인식되지 않음
    // ...
}
// ...
```

여러분이 프로젝트 전체를 총괄할 수 있다면 정책적으로 모두 스트릭트 모드를 사용하거나 그 반대의 방식을 고수할 수 있겠지만, 더 다양한 코드들과도 잘 병합될 수 있는 견고한 코드를 작성하고 싶다면 몇 가지 대안을 사용해야 한다.

**스트릭트 모드와 일반 모드의 파일을 절대 병합하지 마라.** 이 방법은 가장 쉽지만, 애플리케이션이나 라이브러리의 파일 구조를 관리하는 데 막대한 노력이 필요해진다는 제한이 따른다. 최선의 방법은, 스트릭트 모드로 작성된 파일과 일반적인 파일, 즉 두 개의 분리된 파일로 배포하는 것이다.

**즉시 실행되는 함수 표현식을 사용해 파일들의 본문을 감싸라.** 아이템 13에서 즉시 실행되는 함수 표현식(Immediately Invoked Funcion Expressions, IIFEs)에 대해 상세하게 다룰 텐데, 간단히 말해서 각 파일의 내용을 함수로 감싸서 독립적으로 해석되게 하는 것이다. 앞선 예제의 병합된 버전은 다음과 같다.

```
// 스트릭트 모드 명령어 없음
(function() {
    // file1.js
    "use strict";
    function f() {
        // ...
    }
    // ...
})();
```

```
(function() {
    // file2.js
    // 스트릭트 모드 명령어 없음
    function f() {
        var arguments = [];
            // ...
    }
    // ...
})();
```

각 파일의 내용이 별도의 스코프에 위치하기 때문에, 스트릭트 모드 명령어 (또는 이를 지정하지 않았을 경우에)는 해당 파일의 내용에만 영향을 미친다. 하지만 이 접근 방법은 전역 스코프에서 해석된다고 가정할 수 없다. 예를 들어 var나 함수 선언이 전역 변수로 유지되지 않는다. (전역 변수에 대한 자세한 내용은 아이템 8을 참고하라.) 이런 방식은 흔히 사용하는 모듈 시스템과도 비슷한데, 각 모듈의 내용을 자동으로 개별 함수에 위치시킴으로써 여러 파일과의 의존성을 관리한다. 파일들이 지역 스코프에 위치하기 때문에 각 파일이 스트릭트 모드의 사용 여부를 개별적으로 결정할 수 있다.

**어떤 모드에 있건 동일하게 동작하도록 코드를 작성하라.** 최대한 다양한 컨텍스트에서 잘 동작하는 라이브러리를 만들기 위해서는 스크립트 병합 도구에 의해 함수 본문 중간에 삽입된다고 가정하거나, 클라이언트의 코드가 스트릭트 모드 또는 일반 모드일 거라고 단정해서는 안된다. 최대의 호환성을 가지도록 코드를 구성하는 가장 간단한 방법은 스트릭트 모드로 작성하되, 스트릭트 모드가 지역적으로 활성화될 수 있게 명시적으로 전체 코드 내용을 함수로 감싸는 것이다. 이는 이전에 언급한 해결책 즉, 각 파일의 내용을 즉시 실행되는 함수 표현식으로 감싸는 방법과 유사하다. 하지만 이 경우에는 병합 도구를 믿거나 모듈 시스템에서 알아서 해주길 기대하기보다, 직접 함수 표현식을 작성해 명시적으로 스트릭트 모드를 선택적으로 적용한다는 점이 다르다.

```
(function() {
    "use strict";
    function f() {
        // ...
    }
    // ...
})();
```

이 코드는 스트릭트 모드의 코드에 병합되든 일반 모드의 코드에 병합되든, 스트릭트 모드로 처리된다는 것을 알 수 있다. 대조적으로, 스트릭트 코드 다음에 병합된다면 스트릭트 모드로 옵션 설정을 하지 않은 함수까지 스트릭트 모드로 처리될 것이다. 따라서 호환성을 위해서는 스트릭트 모드로 코드를 작성하는 것이 바람직하다.

### 기억할 점

- 애플리케이션이 지원할 자바스크립트의 버전을 정하라.
- 애플리케이션이 동작하게 될 모든 환경에서 여러분이 사용한 모든 자바스크립트의 기능이 지원되어야 한다.
- 항상 스트릭트 모드 확인을 수행하는 최신 브라우저 환경에서 스트릭트 코드를 테스트하라.
- 스트릭트 모드 지원에 대한 기대가 서로 다른 스크립트들을 병합할 때는 주의해야 한다.

아이템 2

# 자바스크립트의 부동 소수점 숫자 이해하기

대부분의 프로그래밍 언어는 여러 종류의 숫자형 데이터를 가지지만 자바스크립트에는 단 하나밖에 없다. typeof 연산자의 동작을 통해 자바스크립트가 정수형이나 부동 소수점 숫자를 단순히 숫자형으로 분류한다는 사실을 확인해 볼 수 있다.

```
typeof 17; // "number"
typeof 98.6; // "number"
typeof -2.1; // "number"
```

사실, 자바스크립트 내의 모든 숫자는 IEEE 754 표준에서 정의한 64비트로 인코딩된 배정밀도의(double-precision) 부동 소수점, 즉 흔히 'double'로 알려진 숫자다. 이 사실이 integer의 정의에 대한 의구심을 가지게 한다면 이 사실만 기억하면 된다. double은 53비트까지의 정확도로 완벽하게 integer로 표현할 수 있다. -9,007,199,254,740,992($-2^{53}$)부터 9,007,199,254,740,992($2^{53}$)까지의 모든 interger는 유효한 double 값들이다. 따라서 자바스크립트에서 integer 연산은 별도의 integer형 없이도 완벽하게 가능하다.

대부분의 산술 연산자는 정수형이나 실수 또는 이 둘의 조합으로 동작한다.

```
0.1 * 1.9 // 0.19
-99 + 100; // 1
21 -12.3; // 8.7
2.5 / 5; // 0.5
21 % 8; // 5
```

하지만 비트단위 연산자는 특별한 점이 있다. 인자들을 직접 부동 소수점 숫자처럼 처리하지 않고, 암묵적으로 32비트 정수로 변환한다. (정확하게 말하자면 32비트, big-endian, 2의 보수로 처리된다.) 예를 들어 비트단위 OR 표현식을 살펴보자.

```
8 | 1; // 9
```

이 단순해 보이는 표현식은 사실 몇 가지 평가 단계를 거친다. 자바스크립트의 숫자 8과 1은 항상 double형이다. 하지만 32비트 정수형, 즉 32개의 0과 1로도 표현될 수 있다. 숫자 8은 다음과 같은 형태가 된다.

```
00000000000000000000000000001000
```

숫자형의 toString 메서드를 사용해 직접 확인해 볼 수 있다.

```
(8).toString(2); // "1000"
```

toString의 인자는 기수(radix)를 나타내는데, 이 경우에는 기수가 2인(즉, 2진 바이너리) 표현을 가리킨다. 결과에는 값에 영향을 미치지 않는 왼쪽 0이 생략된다. 정수형 1을 32비트로 표현하면 다음과 같다.

```
00000000000000000000000000000001
```

비트단위 OR 표현식은 두 개의 비트 시퀀스를 합치며, 입력 중 어떤 1 비트라도 발견하면 1 값을 가지게 된다. 따라서 8 | 1의 결과는 다음과 같은 비트 패턴을 갖게 된다.

```
00000000000000000000000000001001
```

이 시퀀스는 정수형 9를 나타낸다. 이 값을 표준 라이브러리 함수인 parseInt에 기수 2를 지정하여 다시 검증해 볼 수 있다.

```
parseInt("1001", 2); // 9
```

(여기서도 마찬가지로 앞의 0 비트들은 결과에 영향을 미치지 않기 때문에 불필요하다.)

모든 비트단위 연산자는 동일한 방식으로 동작한다. 입력 값을 정수형으로 변환하고, 정수 비트 패턴에서 각 연산을 수행하고 나서, 표준 자바스크립트 부동소수점 숫자 값으로 변환해 결과를 되돌려 준다. 보통 이런 변환들은 자바스크립트 엔진에서 별도의 작업을 필요로 한다. 숫자 값이 부동 소수점으로 저장되기 때문에, 반드시 정수형으로 변환하고 다시 부동 소수점으로 되돌려야 한다. 하지만 연산 표현식이나 변수가 명시적으로 정수형으로 동작할 때면, 최적화 컴파일러가 실행되어 데이터를 내부적으로 정수형으로 저장하여 부가적인 변환을 회피하기도 한다.

아직 별로 신경쓰이지 않는다 하더라도, 부동 소수점 숫자는 결국 골치아픈 존재라고 경고하고 싶다. 부동 소수점 숫자는 친근해 보이지만, 부정확하기로 악명 높다. 다음과 같이 완전히 간단해 보이는 산술 연산에서 잘못된 결과를 만들어 내기도 한다.

```
0.1 + 0.2; // 0.30000000000000004
```

64비트의 정확도는 충분히 넓지만, double은 실수에 비해 여전히 유한한 숫자 범위만 표현할 수 있다. 부동 소수점 산술 연산은 근사 값만을 만들어 낼 수 있고 가장 가까운 표현가능한 실수로 반올림한다. 계산을 계속 수행하다 보면 이런 반올림 오류가 누적되어 더욱 더 부정확한 결과를 낳게 된다. 반올림은 간혹 일반적인 산술 결과에서 기대하기 어려운 어이없는 편차를 보이기도 한다. 예를 들어 실수는 어떤 실수 $x, y, z$라도 항상 $(x + y) + z = x + (y + z)$이며 이를 결합 가능하다고 말한다.

하지만 부동 소수점 숫자는 항상 그렇진 않다.

```
(0.1 + 0.2) + 0.3; // 0.6000000000000001
0.1 + (0.2 + 0.3); // 0.6
```

부동 소수점의 정확도와 성능은 서로 상충관계다.

정확도가 관건이라면, 이런 한계에 대해 반드시 알아두어야 한다. 한 가지 유용한 대안은 가능한 정수 값을 사용하는 것이다. 정수 값은 반올림 없이 표현이 가능하기 때문이다. 돈 계산을 할 때 프로그래머는 종종 통화의 가장 작은 액면가로 변환하여 전체 숫자를 계산할 수 있게 숫자를 높인다. 예를 들어, 앞선 계산을 달러라고 가정한다면, 다음과 같이 소수점의 달러 대신에 센트로 변환해 정수로 처리할 수 있다.

```
(10 + 20) + 30; // 60
10 + (20 + 30); // 60
```

정수를 처리할 때 모든 연산이 $-2^{53}$과 $2^{53}$ 범위 내에 맞춰진다는 점도 염두에 두어야 한다. 하지만 반올림 오류에 대해서는 신경쓸 필요가 없다.

### 기억할 점

- 자바스크립트의 숫자는 double-정확도의 부동 소수점 숫자다.
- 자바스크립트의 정수는 별개의 데이터형이 아니라 double의 부분집합이다.
- 비트단위 연산자는 숫자를 32비트의 부호가 있는 integer처럼 처리한다.
- 부동 소수점 산술 연산의 정확도에 한계가 있음을 주의해야 한다.

아이템 3

# 암묵적인 형변환을 주의하라

자바스크립트는 데이터형 오류에 놀라울 정도로 관대하다. 많은 언어들은 다음과 같은 표현식을 오류로 처리한다.

```
3 + true; // 4
```

true와 같은 불리언 표현식이 산술 연산에 허용되지 않기 때문이다. 이런 표현식은 고정적인 타입 언어에서는 실행조차 허용되지 않는다. 반면 몇몇 동적인 타입 언어에서는 예외를 발생시키지만 실행은 된다. 자바스크립트에서는 문제없이 실행될 뿐만 아니라 마치 당연하다는 듯이 4라는 값을 반환한다.

자바스크립트에서는 잘못된 데이터형으로 인한 오류를 즉시 보여주는 몇 가지 경우가 있다. 함수가 아닌데 함수처럼 호출하거나 null의 프로퍼티에 접근하려고 하는 경우가 바로 그렇다.

```
"hello"(1); // 오류: 함수가 아님
null.x; // 오류: null에서 프로퍼티 'x'를 읽어올 수 없음
```

하지만 다른 많은 경우에 자바스크립트는 오류를 발생시키는 대신, 뒤이어 발생하는 다양한 자동 형변환 프로토콜에 따라 예상된 데이터형으로 값을 형변환한다. 예를 들어 산술 연산자 -, *, /, %는 계산 전에 인자들을 숫자형으로 변환한다. + 연산자는 조금 특이한데, 숫자의 덧셈이나 문자의 병합을 인자들의 데이터형에 따라서 오버로딩한다.

```
2 + 3; // 5
"hello" + " world"; // "hello world"
```

그렇다면, 숫자와 문자열을 합친다면 어떻게 될까? 자바스크립트는 다음과 같이 문자열을 우선하여 숫자를 문자열로 바꾼다.

```
"2" + 3; // "23"
2 + "3"; // "23"
```

데이터형을 이처럼 섞어서 쓰는 것이 때로는 혼란스러울 수 있는데 특히 연산의 순서에 민감하기 때문이다. 다음 예제를 보자.

```
1 + 2 + "3"; // "33"
```

더하기의 왼쪽에 있는 항목들이 뭉쳐지기 때문에(좌측결합성, left-associative) 이는 다음과 동일하다.

```
(1 + 2) + "3"; // "33"
```

대조적으로, 다음 표현식은 문자열 "123"으로 평가된다.

```
1 + "2" + 3; // "123"
```

마찬가지로 좌측결합성 때문에 왼쪽의 덧셈을 괄호로 감싸는 것과 동일하게 처리된다.

```
(1 + "2") + 3; // "123"
```

비트단위 연산은 숫자로 변환할 뿐만 아니라, 아이템 2에서 논의한 것과 같이 32비트 정수로 표현될 수 있는 숫자의 부분집합으로도 변환한다. 이런 특징은 비트단위 산술 연산자(~, &, ^, |)와 시프트 연산자(⟨⟨, ⟩⟩, ⟩⟩⟩)에 적용된다.

이런 형변환은 매혹적으로 보일 만큼 편리하다. 예를 들면 사용자의 입력이나 텍스트 파일 또는 네트워크 스트림에서 들어온 문자열을 다음과 같이 자동으로 변환해주기 때문이다.

```
"17" * 3; // 51
"8" | "1"; // 9
```

하지만 형변환은 오류를 숨길 수도 있다. null로 판단된 변수가 산술 연산에서 오류를 발생하지 않은 채 조용히 0으로 변환되고, 정의되지 않은 변수가 특별한 부동 소수점 값인 NaN(IEEE 부동 소수점 표준에 따른 역설적인 이름인 'not a number')으로 변환된다. 이런 형변환은 즉시 예외를 발생시키지 않고, 계산을 계속해서 이뤄지게 하며 혼란스럽고 예측하기 어려운 값들을 자주 만들어 낸다. 좌절스럽게도 NaN 값을 테스트하기는 특히나 어렵다. 두 가지 이유가 있는데, 첫째로 자바스크립트는 IEEE 부동 소수점 표준에 정의된 이상한 요구사항을 따라 NaN 자신을 동등하지 않다고 처리하기 때문이다. 따라서 어떤 값이 NaN인지 테스트하기 위한 다음 식은 전혀 바르게 동작하지 않는다.

```
var x = NaN;
x === NaN; // false
```

게다가, 표준 isNaN 라이브러리 함수는 스스로 암묵적인 형변환, 즉 값을 테스트하기 전에 인자를 숫자로 바꾸기 때문에 신뢰할 만하지 않다. (isNaN의 더 정확한 이름은 아마도 coercesToNaN이었어야• 할 것이다.) 이미 값이 숫자인지 알고 있을 경우에는 isNaN으로 NaN을 테스트할 수 있다.

```
isNaN(NaN); // true
```

하지만 NaN으로 강제 형변환할 수 있는 다른 값들은, 실제로 NaN이 아니라면 isNaN으로 구별할 수 없다.

```
isNaN("foo"); // true
isNaN(undefined); // true
isNaN({}); // true
isNaN({ valueOf: "foo" }); // true
```

다행히도 다소 직관적이지는 않지만, NaN을 테스트하기 위한 간결하고 신뢰할 만한 코딩 관례가 있다. NaN은 자바스크립트에서 자기 자신과 동일하지 않은 유일한 값이다. 따라서 값이 NaN인지 아닌지는 자기 자신과의 동일함을 확인하여 테스트할 수 있다.

```
var a = NaN;
a !== a; // true
var b = "foo";
b !== b; // false
var c = undefined;
```

---

• (옮긴이) coerce는 강제 형변환을 뜻한다.

```
c !== c; // false
var d = {};
d !== d; // false
var e = { valueOf: "foo" };
e !== e; // false
```

이 패턴을 다음과 같이 명백한 이름의 유틸리티 함수로 추상화할 수도 있다.

```
function isReallyNaN(x) {
    return x !== x;
}
```

하지만 자기 자신의 값과 동일하지 않음을 테스트하는 방법은 너무 간단하기 때문에, 보통은 이런 함수를 만들지 않는다. 따라서 이런 함수를 만들지 않고 테스트하는 방법에 대해 인지하고 이해하는 것이 중요하다.

조용히 이뤄지는 강제 형변환은 오류를 숨기고 분석하기 어렵게 하고, 오류가 있는 프로그램을 디버깅하기 곤란하게 만든다. 계산이 잘못되었을 때 디버깅을 위한 최선의 방법은 계산의 중간 결과, 즉 문제가 되기 전의 마지막 지점으로 돌아가 조사하는 것이다. 거기서부터 각 연산의 인자들을 조사하고 인자의 데이터형이 잘못되었는지 살펴본다. 버그에 따라서, 잘못된 산술 연산자를 사용하는 등의 논리적인 오류일 수도 있고, 혹은 숫자 대신에 정의되지 않은 값을 전달하는 등의 데이터형 오류일 수도 있다.

객체 또한 원시 데이터형(primitive)으로 강제 형변환될 수 있다.

```
"the Math object: " + Math; // "the Math object: [object Math]"
"the JSON object: " + JSON; // "the JSON object: [object JSON]"
```

객체는 암묵적으로 toString 메서드가 호출되어 문자열로 변환된다. 다음과 같이 직접 호출해 테스트해 볼 수 있다.

```
Math.toString(); // "[object Math]"
JSON.toString(); // "[object JSON]"
```

유사하게, 객체는 valueOf 메서드를 통해 숫자로 변환될 수도 있다. 다음과 같은 메서드를 정의해 객체의 형변환을 제어할 수도 있다.

```
"J" + { toString: function() { return "S"; } }; // "JS"
```

```
2 * { valueOf: function() { return 3; } }; // 6
```

다시 말하지만, +는 문자 병합과 덧셈에 모두 오버로딩되어 사용된다. 이 점을 고려하면 약간 오묘해진다. 특히, 객체가 toString과 valueOf 메서드 둘 다를 포함할 경우에 +가 어떤 메서드를 호출하게 될지 명백하지 않다. 문자열 병합과 덧셈 연산이 데이터형에 따라 선택되는데, 암묵적인 강제 형변환으로는 데이터형이 실제로 주어지지 않기 때문이다. 자바스크립트는 보이지 않게 valueOf 메서드를 실행한 후 toString을 실행하여 이런 불확실함을 해소한다. 하지만 이 방법은 누군가 일부러 객체로 문자열 병합을 실행한다면, 다음과 같이 예기치 않게 동작할 수도 있다.

```
var obj = {
    toString: function() {
        return "[object MyObject]";
    },
    valueOf: function() {
        return 17;
    }
};
"object: " + obj; // "object: 17"
```

valueOf는 Number 객체처럼, 객체가 실제로 숫자로 된 값을 가질 때 사용되는 것이 맞다. 이런 객체에서 toString과 valueOf 메서드는 문자열 표현 또는 동일한 값의 숫자 표현을 일관되게 반환한다. 따라서 객체가 문자열 병합에 쓰이든 덧셈에 쓰이든, 오버로딩된 + 연산자가 항상 일관되게 동작하게 한다. 보통, 숫자로 강제 형변환하는 것보다 문자열로 강제 형변환하는 것이 훨씬 더 일반적이고 유용하다. 객체가 진짜로 숫자형 추상이 아니고 obj.toString()이 obj.valueOf()의 문자열 표현을 나타내지 않는다면 valueOf의 사용을 피하는 게 최선의 방법이다.

강제 형변환의 마지막 종류는 종종 트루시니스(truthiness)•라고 알려져 있다.

---

• (옮긴이) 트루시니스는 실제로 true나 false는 아니지만, 암묵적인 강제 형변환에 의해 true나 false처럼 처리되는 값을 말한다. 이 책에서는 truthy를 'true로 처리되는 값', falsy를 'false로 처리되는 값'이라고 번역하였다.

if, ||, &&와 같은 연산자는 논리적으로 불리언 값과 함께 동작하는데, 실제로는 어떤 값도 수용한다. 자바스크립트 값들은 간단한 암묵적인 강제 형변환에 의해 불리언 값으로 해석될 수 있기 때문이다. 대부분의 자바스크립트 값들은 true로 처리되는데(truthy), 다시 말해 암묵적으로 true로 강제 형변환된다. 이는 문자열이나 숫자 강제 형변환과 다르게 모든 객체에 적용되며 트루시니스는 어떠한 강제 형변환 메서드도 실행하지는 않는다. 정확하게 말하면 false로 처리되는 값에는 일곱 개가 있는데, 바로 false와 0, -0, " ", NaN, null, undefined다. 다른 모든 값은 true로 처리된다.

```javascript
function point(x, y) {
    if (!x) {
        x = 320;
    }
    if (!y) {
        y = 240;
    }
    return { x: x, y: y };
}
```

이 함수는 0을 포함해서 false로 처리되는 어떤 값도 무시한다.

```javascript
point(0, 0); // { x: 320, y: 240 }
```

undefined를 확인할 수 있는 더 정확한 방법은 다음과 같이 typeof를 사용하는 것이다.

```javascript
function point(x, y) {
    if (typeof x === "undefined") {
        x = 320;
    }
    if (typeof y === "undefined") {
        y = 240;
    }
    return { x: x, y: y };
}
```

이 버전의 point 함수는 0과 undefined를 제대로 구분한다.

```javascript
point(); // { x: 320, y: 240 }
point(0, 0); // { x: 0, y: 0 }
```

다른 방법으로 undefined와 비교할 수도 있다.

```
if (x === undefined) { ... }
```

아이템 54에서는 라이브러리와 API 설계를 위한 트루시니스 테스팅의 영향에 대해서 논할 것이다.

**기억할 점**

- 데이터형 에러는 암묵적인 강제 형변환에 의해 은밀하게 감춰질 수 있다.
- + 연산자는 인자의 데이터형에 따라 덧셈이나 문자열 병합으로 오버로딩된다.
- 객체는 valueOf를 통해 숫자형으로, toString을 통해 문자열로 강제 형변환된다.
- valueOf 메서드를 가지는 객체는 반드시 valueOf에 의해 생성되는 숫자 값의 문자열 표현을 생성하는 toString 메서드를 구현해야 한다.
- undefined 값을 테스트할 때 트루시니스를 사용하기보다는 typeof를 사용하거나 undefined와 비교하는 것이 좋다.

# 객체 래퍼보다
# 원시 데이터형을 우선시하라

객체와 함께, 자바스크립트는 다섯 가지의 원시 데이터형 값을 가진다. 불리언, 숫자, 문자열, null 그리고 undefined다. (헷갈리게도, typeof 연산자는 null의 데이터형을 "object"로 반환하지만, ECMAScript 표준은 null을 별도의 데이터형으로 기술한다.) 동시에, 표준 라이브러리는 불리언, 숫자 그리고 문자열을 객체처럼 래핑하는 생성자를 제공한다. 다음과 같이 문자열 값을 감싸서 String 객체를 만들 수 있다.

```
var s = new String("hello");
```

어떤 면에서, String 객체는 그 자신이 감싼 문자열 값과 비슷하게 동작한다. 다음과 같이 다른 값과 병합하여 또 다른 문자열을 생성할 수 있다.

```
s + " world"; // "hello world"
```

다음과 같이 인덱스를 지정하여 문자열의 일부분을 추출할 수도 있다.

```
s[4]; // "o"
```

하지만 원시 데이터형 문자열과 다르게, String 객체는 진짜 객체다.

```
typeof "hello"; // "string"
typeof s; // "object"
```

이 차이점은 매우 중요하다. 두 개의 서로 다른 String 객체를 내장 연산자를 사용해 비교할 수 없다는 의미이기 때문이다.

```
var s1 = new String("hello");
var s2 = new String("hello");
s1 === s2; // false
```

String 객체는 개별 객체이기 때문에 자기자신과만 동일하다. 엄격하지 않은 동일 비교 연산자도 마찬가지 결과다.

```
s1 == s2; // false
```

이런 래퍼들은 꽤나 이상하게 동작하기 때문에 별로 유용하지 않다. 이들이 존재하는 주된 이유를 합리화하자면 유틸리티 메서드들 때문이다. 자바스크립트는 또 다른 암묵적인 강제 형변환에 이런 래퍼들을 편리하게 사용한다. 이로 인해 원시 데이터형의 메서드를 호출하거나 프로퍼티를 추출할 수 있게 되고, 값을 적당한 객체 타입으로 감싸서 사용한 것처럼 동작하게 된다. 예를 들어, String 프로토타입 객체는 문자열을 대문자로 변환해주는 toUpperCase 메서드를 가진다. 문자열 원시 데이터 값에 이 메서드를 사용할 수 있다.

```
"hello".toUpperCase(); // "HELLO"
```

이런 암묵적인 감싸기의 결과로 원시 데이터 값에 기본적으로 아무런 영향을 주지 않고 프로퍼티를 설정할 수 있다.

```
"hello".someProperty = 17;
"hello".someProperty; // undefined
```

암묵적인 감싸기는 실행될 때마다 매번 새로운 String 객체를 생성하기 때문에, 처음 감싸진 래퍼 객체를 갱신하더라도 효과는 지속되지 않는다. 결국 실제로는 원시 데이터 값에 프로퍼티를 설정할 수 없다. 하지만 이런 동작을 이해하는 것은 도움이 된다. 자바스크립트가 데이터형 오류를 감추는 또 다른 사례이기 때문이다. 만약 객체라고 생각한 것에 프로퍼티를 설정했지만 실수로 원시 데이터형에 설정했다면, 프로그램은 단순히 값을 갱신하지 않고 조용히 무시할 것이다. 이는 발견하기 어려운 오류를 자주 발생시켜 분석하기 까다롭게 만들 것이다.

**기억할 점**

- 원시 데이터형을 위한 객체 래퍼는 그 자신의 원시 데이터 값과는 동작이 다르다. 동일한지 비교했을 때도 서로 다르다.
- 원시 데이터형에 프로퍼티를 설정하거나 가져오면 암묵적으로 객체 래퍼를 생성한다.

아이템 5

# 혼합된 데이터형을 ==로 비교하지 마라

다음 표현식의 값이 무엇이라고 생각하는가?

```
"1.0e0" == { valueOf: function() { return true; } };
```

그냥 보기에도 연관이 없어 보이는 이 두 값은 사실 == 연산자에 의해 동등하다고 간주된다. 왜냐하면 아이템 3에서 설명한 암묵적인 강제 형변환에 의해 두 값은 모두 비교되기 전에 숫자로 변환되기 때문이다. 문자열 "1.0e0"는 숫자 1로 파싱되고, 오른쪽 객체 역시 valueOf 메서드가 호출된 결과인 true가 다시 숫자로 변환되어 1로 처리된다.

웹 입력 양식에서 값을 읽어와 숫자와 비교하는 작업에도 이런 강제 형변환을 사용하곤 한다.

```
var today = new Date();

if (form.month.value == (today.getMonth() + 1) &&
    form.day.value == today.getDate()) {
    // 생일 축하합니다!
    // ...
}
```

하지만 사실, 값을 숫자로 명시적으로 변환하기는 매우 쉽다. Number 함수나 단일 + 연산자를 사용하면 된다.

```
var today = new Date();

if (+form.month.value == (today.getMonth() + 1) &&
    +form.day.value == today.getDate()) {
    // 생일 축하합니다!
    // ...
}
```

이 방법은 코드를 읽는 사람이 형변환 법칙을 기억하려고 애쓸 필요없이 어떤 변환이 적용되는지 정확하게 알 수 있기 때문에 훨씬 깔끔하다. 더 나은 방법으로 엄격한 동일 비교 연산자를 사용할 수 있다.

```
var today = new Date();

if (+form.month.value === (today.getMonth() + 1) && // 엄격한 비교
    +form.day.value === today.getDate()) { // 엄격한 비교
    // 생일 축하합니다!
    // ...
}
```

두 인자가 동일한 데이터형이라면 ==이나 ===이나 아무런 차이가 없다. 따라서 만약 동일한 데이터형인지 알고 있다면, 이 둘을 상호교환하여 사용할 수 있다. 하지만 코드를 읽는 사람에게 형변환이 연관되지 않는다는 점을 확실히 보여주는 더 좋은 방법은 엄격한 동일 비교를 사용하는 것이다. 그렇지 않으면, 코드의 동작을 판독하기 위해 정확한 강제 형변환 법칙을 다시 상기시켜 주어야 한다.

지금까지 봐온 것처럼 이런 강제 형변환 법칙은 전혀 명백하지가 않다. 표

**표 1.1** 연산자의 강제 형변환 규칙

| 인자 타입 1 | 인자 타입 2 | 강제 형변환 |
| --- | --- | --- |
| null | undefined | 없음; 항상 true |
| null 또는 undefined | null 또는 undefined이 아닌 다른 타입 | 없음; 항상 false |
| 원시 데이터형 문자열, 숫자 또는 불리언 | Date 객체 | 원시 데이터형 => 숫자 Date 객체 => 원시 데이터형 (toString 먼저 시도 후 valueOf) |
| 원시 데이터형 문자열, 숫자 또는 불리언 | Date가 아닌 객체 | 원시 데이터형 => 숫자 Date가 아닌 객체 => 원시 데이터형 (valueOf 먼저 시도 후 toString) |
| 원시 데이터형 문자열, 숫자 또는 불리언 | 원시 데이터형 문자열, 숫자 또는 불리언 | 원시 데이터형 => 숫자 |

1.1은 인자가 서로 다른 데이터형일 때 == 연산자의 강제 형변환 법칙을 보여 준다. 이 법칙은 대칭적이다. 예를 들어, 첫 번째 규칙은 null == undefined와 undefined == null 둘 다에 적용된다. 대부분의 형변환은 숫자 값을 만드는 시도를 할 것이다. 하지만 객체를 다룰 때 규칙들이 약간 이상해질 수 있다. 연산은 valueOf와 toString 메서드를 호출하여 객체를 원시 데이터형 값으로 변환하려고 할 것이고, 그 중 처음으로 얻게 되는 원시 데이터 값을 사용할 것이다. 더 이상한 점은, Date 객체는 이 두 메서드를 반대 순서로 시도한다는 것이다.

== 연산자는 데이터의 다양한 표현에 두루 사용되어 마치 문제가 없는 코드처럼 동작하게 한다. 이런 오류 보정은 종종 'do what I mean' 시맨틱*이라고 부른다. 하지만 컴퓨터는 사용자의 마음을 읽을 수 없다.

여러분이 사용하는 데이터의 표현이 어떤 것인지 자바스크립트가 알아내기에는 세상에 너무나 많은 데이터의 표현이 있다. 예를 들어, 여러분은 Date 객체가 포함하는 날짜 문자열을 비교하고 싶을 수도 있다.

```
var date = new Date("1999/12/31");
date == "1999/12/31"; // false
```

이 특별한 예제는 Date 객체를, 예제에서 사용한 것과는 다른 문자열로 변환하기 때문에 실패한다.

```
date.toString(); // "Fri Dec 31 1999 00:00:00 GMT-0800 (PST)"
```

하지만 이런 실수는 강제 형변환에 대한 더 일반적인 오해의 징후이다. == 연산자는 임의의 데이터 형식을 통합하거나 추론하지 않는다. 이 연산자는 여러분과 여러분의 코드를 읽는 사람 모두 이런 이상한 강제 형변환 규칙을 이해해야만 하게 만든다. 따라서 사용자가 정의한 애플리케이션 로직과 엄격한 동일 비교 연산자를 사용하여 명시적으로 형변환하는 것이 더 나은 정책이다.

```
function toYMD(date) {
    var y = date.getYear() + 1900, // year는 1900부터 색인된다.
        m = date.getMonth() + 1, // month는 0부터 색인된다.
```

---

* (옮긴이) "내 뜻대로 동작하라"는 의미다.

```
        d = date.getDate();
    return y
        + "/" + (m < 10 ? "0" + m : m)
        + "/" + (d < 10 ? "0" + d : d);
}
toYMD(date) === "1999/12/31"; // true
```

명시적으로 형변환하면 ==의 강제 형변환 규칙을 섞어 쓰지 않는다는 사실을 보장하고, 코드를 읽는 사람이 강제 형변환 규칙을 찾아보거나 기억하지 않아도 되기 때문에 더 좋다.

### 기억할 점

- == 연산자는 인자들이 서로 다른 데이터형일 때, 일련의 혼동스러운 암묵적인 강제 형변환을 적용시킨다.
- 비교가 어떠한 암묵적인 강제 형변환과도 연관이 없다는 사실을 코드를 읽는 사람에게 명확하게 전달하기 위해서 ===를 사용하라.
- 비교할 값이 서로 다른 데이터형이라면 프로그램의 동작을 더 명백히 하기 위해 직접 명시적인 강제 형변환을 사용하라.

아이템 6

# 세미콜론 삽입의 한계에 대해서 알아두자

자바스크립트의 편리함 중 하나는 문장을 종료하는 세미콜론을 생략할 수 있다는 점이다. 세미콜론의 생략은 결과적으로 유쾌하고 가볍고 심미적인 코드를 만들어 낸다.

```javascript
function Point(x, y) {
    this.x = x || 0
    this.y = y || 0
}

Point.prototype.isOrigin = function() {
    return this.x === 0 && this.y === 0
}
```

자동으로 삽입되는 세미콜론 덕에 이렇게 동작할 수 있다. 자동 세미콜론 삽입은 특정 문맥에서 생략된 세미콜론을 추론하여 프로그램을 파싱하는 기술로, 프로그램에 세미콜론을 자동으로 삽입해 준다. ECMAScript 표준은 세미콜론 삽입 메커니즘을 정확하게 기술하기 때문에, 선택적인 세미콜론은 자바스크립트 엔진들 사이에 상호호환된다.

하지만 아이템 3과 5에서 다룬 암묵적인 강제 형변환과 비슷하게 세미콜론 삽입에는 함정이 있다. 따라서 그 규칙에 대해 알아두어야 한다. 절대 세미콜론을 생략하지 않더라도 자바스크립트 문법에는 세미콜론을 삽입되게 하는 부가적인 제약이 있다. 좋은 소식은 세미콜론 삽입 규칙을 한 번만 알아두면 불필요한 세미콜론을 마음 편히 생략할 수 있다는 점이다.

세미콜론 삽입의 첫 번째 규칙은 다음과 같다.

**세미콜론은 한 줄 이상의 새로운 행이나, 프로그램 입력의 마지막이나 } 토큰 전에만 삽입된다.**

다르게 말하면, 세미콜론은 줄의 마지막 부분, 블록의 마지막 부분, 또는 프로그램의 마지막 부분에서만 생략 가능하다. 따라서 다음은 아무런 문제없는 함수다.

```javascript
function square(x) {
    var n = +x
    return n * n
}
function area(r) { r = +r; return Math.PI * r * r }
function add1(x) { return x + 1 }
```

하지만 다음은 잘못된 예다.

```javascript
function area(r) { r = +r return Math.PI * r * r } // 오류
```

두 번째 규칙은 다음과 같다.

**세미콜론은 다음 입력 토큰을 파싱할 수 없을 때에만 삽입된다.**

다시 말해, 세미콜론 삽입은 오류 보정 메커니즘이다. 간단한 예제 코드를 살펴보자.

```javascript
a = b
(f());
```

다음과 같이 하나의 선언으로도 문제없이 실행될 수 있다.

```javascript
a = b(f());
```

즉, 세미콜론은 삽입되지 않는다. 반대로 다음 코드 조각을 살펴보자.

```javascript
a = b
f();
```

이 예제는 두 개의 구분된 선언으로 파싱된다. 왜냐하면 다음과 같이 파싱하는 것은 오류이기 때문이다.

```javascript
a = b f();
```

이 규칙은 유감스러운 영향을 미친다. 문제없이 세미콜론을 생략 가능한지 판단하기 위해서는 다음 선언의 시작 부분에 항상 주의해야 한다. 다음 줄의 초기 토큰이 이전 선언의 연장선으로 해석될 수 있다면, 세미콜론을 생략해선 안 된다.

정확히 다섯 개의 문자 (, [, +, -, /를 조심해야 한다. 문맥에 따라 표현식 연산자로 동작하거나 선언의 접두어로 사용될 수 있기 때문이다. 따라서 이전의 할당 예제에서처럼, 표현식으로 끝나는 선언을 조심해야 한다. 다음 줄이 문제의 소지가 있는 다섯 개의 문자로 시작한다면 세미콜론은 추가되지 않을 것이다. 단연코, 가장 일반적인 시나리오는 이전 예제와 같이 괄호로 시작되는 선언이다. 또 다른 일반적인 시나리오로 배열 리터럴이 있다.

```
a = b
["r", "g", "b"].forEach(function(key) {
    background[key] = foreground[key] / 2;
});
```

이 예제는 할당문과 선언문으로 구성된 두 개의 선언으로 보이지만 [로 시작하는 두 번째 선언 때문에 다음과 같이 하나의 선언으로 파싱된다.

```
a = b["r", "g", "b"].forEach(function(key) {
    background[key] = foreground[key] / 2;
});
```

대괄호 표현식이 약간 이상하게 보일 수 있지만, 자바스크립트는 쉼표로 구분된 표현식을 허용한다는 사실을 기억하라. 이 표현식은 왼쪽부터 오른쪽으로 평가되고 그 마지막 하위 표현식을 반환한다. 이 경우에는 문자열 "b"를 반환한다.

+와 -, / 토큰은 비교적 드물게 선언문 처음에 나타나는데, 그렇다고 전혀 사용되지 않는 것은 아니다. /의 경우는 특히 이상한데, 선언의 시작 부분에서 실제로는 전체 토큰이 아니라 정규 표현식 토큰의 시작으로 사용된다.

```
/Error/i.test(str) && fail();
```

이 선언은 대소문자를 구분하지 않고 문자열을 테스트하는 정규 표현식이다.

일치되는 문자를 발견하면 fail 함수를 호출한다. 하지만 이 코드가 다음과 같이 종료되지 않은 할당문에 뒤이어 나올 수 있다.

```
a = b
/Error/i.test(str) && fail();
```

이때 코드는 다음과 같은 선언으로 파싱된다.

```
a = b / Error / i.test(str) && fail();
```

다시 말해, 앞부분의 / 토큰이 나눗셈 연산자로 파싱된다.

경험이 많은 자바스크립트 프로그래머는 세미콜론을 생략하기 전에, 선언문이 잘못 파싱되지 않게 하기 위해 선언문 다음의 줄을 살펴본다. 또한 리팩터링할 때도 신경을 쓴다. 예를 들어, 세 개의 추론된 세미콜론을 포함하는 완벽히 정확한 프로그램은 다음과 같다.

```
a = b // 세미콜론이 추론되어 삽입됨
var x // 세미콜론이 추론되어 삽입됨
(f()) // 세미콜론이 추론되어 삽입됨
```

코드가 잘못 리팩토링되면 두 개의 추론된 세미콜론만 가지는 다른 프로그램으로 바뀔 수도 있다.

```
var x // 세미콜론이 추론되어 삽입됨
a = b // 세미콜론이 삽입되지 않음
(f()) // 세미콜론이 추론되어 삽입됨
```

var 선언을 한 줄 올렸을 뿐이지만, 이전 예제와 다르게 b 뒤에 괄호가 뒤따라오기 때문에 프로그램은 다음과 같이 잘못 파싱된다.

```
var x;
a = b(f());
```

결과적으로 생략된 세미콜론에 대해서 인지해야 하고 세미콜론 삽입을 비활성화시키는 토큰이 있는지 다음 줄의 처음 부분을 확인해야 한다. 대체 방법으로 ( 또는 [, +, -, /로 시작되는 선언문 앞에 추가적인 세미콜론을 접두어로 추가하는 규칙을 따를 수도 있다. 예를 들어 이전의 예제를 다음과 같이 변경하여 괄호로 감싸진 함수 호출을 보호할 수 있다.

```
a = b // 세미콜론이 추론되어 삽입됨
var x // 다음 줄에 세미콜론을 추가
;(f()) // 세미콜론이 추론되어 삽입됨
```

이제 var 선언을 위로 올려도 프로그램이 변경되지 않으므로 안전하다.

```
var x // 세미콜론이 추론되어 삽입됨
a = b // 다음 줄에 세미콜론을 추가
;(f()) // 세미콜론이 추론되어 삽입됨
```

또 다른 일반적인 시나리오는 생략된 세미콜론이 스크립트 병합에서 문제를 일으키는 것이다(아이템 1 참고). 각 파일은 매우 큰 함수 호출 표현식을 포함할 수도 있다. (즉시 실행되는 함수 표현식에 대해서는 아이템 13을 참고하라.)

```
// file1.js
(function() {
    // ...
})()

// file2.js
(function() {
    // ...
})()
```

각 파일이 별도의 프로그램으로 로드된다면 세미콜론은 자동으로 마지막에 삽입되어 함수 호출을 선언으로 변환한다. 하지만 파일들이 하나로 병합된다면 하나의 선언으로 처리될 수 있다.

```
(function() {
    // ...
})()
(function() {
    // ...
})()
```

앞의 코드는 다음과 같이 처리된다.

```
(function() {
    // ...
})()(function() {
```

```
    // ...
})();
```

결과적으로, 선언문에서 세미콜론을 생략하려면 현재 파일의 다음 토큰뿐만 아니라 스크립트 병합으로 인해 따라올 수 있는 다른 토큰도 함께 고려해야 한다. 이전에 설명했던 접근법과 비슷하게 최소한 첫 선언이 다섯 개의 취약한 문자들 (, [, +, -, / 중 하나라면 모든 파일에 방어적인 세미콜론을 접두어로 사용하여, 스크립트 병합으로부터 보호할 수 있다.

```
// file1.js
;(function() {
    // ...
})()

// file2.js
;(function() {
    // ...
})()
```

이 방법은 이전의 파일이 마지막 세미콜론을 빠뜨렸다고 할지라도 병합된 결과가 구분된 선언으로 처리될 수 있도록 보장한다.

```
;(function() {
    // ...
})()
;(function() {
    // ...
})()
```

물론, 스크립트 병합 프로세스가 파일 사이에 세미콜론을 자동으로 삽입하면 더 좋을 것이다. 하지만 모든 병합 도구들이 잘 작성된 것은 아니기 때문에 방어적으로 세미콜론을 추가하는 것이 가장 안전한 방법이다.

이쯤에서 이런 생각이 들 수도 있다. "너무 걱정이 앞섰어. 난 절대 세미콜론을 빠뜨리지 않으니까 괜찮을거야." 하지만 그렇지만은 않다. 자바스크립트는 파싱 오류로 판명되지 않더라도 강제적으로 세미콜론을 삽입하는 경우가 있다. 이것들은 소위 자바스크립트 문법의 제한된 생성(restricted production)이라고 부르는데, 두 토큰 사이에 새로운 행이 허용되지 않는다는 의미다. 가장 치명적인 경우는 return 선언문인데, return 키워드와 그 자신의 부가적인 인자 사이에 새로운 행이 포함되지 않아야 한다. 예를 들면 다음과 같다.

```
return { };
```

이 코드는 새로운 객체를 리턴하는 반면, 다음 코드는 다르게 파싱된다.

```
return
{ };
```

이는 다음과 같이 세 개의 구분된 선언으로 파싱된다.

```
return;
{ }
;
```

다시 말해, return 키워드 다음에 오는 새로운 행은 자동 세미콜론 삽입을 강제한다. 그래서 빈 블록이나 빈 선언이 뒤이어 오는 것처럼 인자가 없는 return 으로 파싱된다. 다음과 같은 경우에도 동일한 세미콜론 삽입 규칙이 적용된다.

- throw 선언문
- 명시적인 이름표가 있는 break나 continue 선언문
- ++나 – 연산자 접미어

++나 –연산자 접미어에 대한 규칙의 목적은 다음과 같은 코드의 불확실성을 해소하려는 것이다.

```
a
++
b
```

++ 연산자는 접두어가 될 수도 있고 접미어가 될 수도 있지만, 새로운 행에 뒤이어 접미어로 위치할 수 없다. 따라서 이 코드는 다음과 같이 파싱된다.

```
a; ++b;
```

세미콜론 삽입의 세 번째이자 마지막 규칙은 바로 다음과 같다.

**세미콜론은 for 반복문의 구분자나 빈 선언문으로 절대 삽입되지 않는다.**

이 규칙은 간단하게 말해서 for 루프의 머리 부분에 반드시 명시적으로 세미콜론을 포함해야 한다는 뜻이다. 그렇지 않은 코드는 파싱 오류가 발생한다.

```
for (var i = 0, total = 1 // 파싱 오류
    i < n
    i++) {
    total *= i
}
```

이와 비슷하게, 본문이 비어 있는 루프도 명시적인 세미콜론이 필요하다. 그렇지 않고 세미콜론을 생략하면 파싱 오류가 난다.

```
function infiniteLoop() { while (true) } // 파싱 오류
```

따라서 이 경우에도 세미콜론이 필요하다.

```
function infiniteLoop() { while (true); }
```

### 기억할 점

- 세미콜론은 } 앞이나 줄의 마지막 또는 프로그램의 마지막 전에만 추론되어 삽입된다.
- 세미콜론은 다음 토큰이 파싱될 수 없을 때에만 추론되어 삽입된다.
- 선언문이 (, [, +, -, /으로 시작할 때는 절대 세미콜론을 생략하면 안 된다.
- 스크립트를 병합할 때, 스크립트들 사이에 명시적으로 세미콜론을 삽입하라.
- return, throw, break, continue, ++, -- 바로 뒤에 새로운 행을 입력하지 마라.
- for 반복문의 머리 부분에서는 세미콜론이 구분자 또는 빈 선언문으로도 절대 추론되어 삽입되지 않는다.

# 문자열을 16비트 코드 단위의 시퀀스로 간주하라

어디에서나 사용할 수 있는 문자열임에도 불구하고 대부분의 프로그래머는 유니코드에 대해 배우려고 하지 않고, 최고이긴 하지만 좀 복잡하다고 생각한다. 하지만 개념적인 단계로 유니코드를 배우는 데는 전혀 걱정할 필요가 없다. 유니코드의 기본은 정말 간단하다. 유니코드는 0부터 1,114,111까지의 유일한 정수 값, 즉 코드 포인트(code point)에 세상의 모든 글자 체계의 모든 문자 단위를 할당한 것이다. 이게 전부다. ASCII와 같은 다른 어떤 텍스트 인코딩과도 별로 다르지 않다. 다만 ASCII는 각 인덱스가 유일한 바이너리 표현에 매핑되고, 유니코드는 코드 포인트에 서로 다른 여러 개의 바이너리 인코딩을 허용한다는 점이 다르다. 서로 다른 인코딩들은 문자열을 저장하기 위한 저장공간과 문자열을 인덱싱하는 등의 실행 속도에 트레이드오프 관계를 가진다. 오늘날 다양한 유니코드의 표준이 있는데, 가장 인기있는 인코딩은 UTF-8과 UTF-16, UTF-32이다.

　　조금 복잡하게 바라본다면, 유니코드를 설계한 사람들은 역사적으로 코드 포인트에 대한 예산을 잘못 책정했다. 원래 유니코드는 $2^{16}$개의 코드 포인트 이상을 필요하지 않을 거라고 생각했다. 이 때문에 표준 16비트 인코딩의 원본인 UCS-2는 특별히 매력적인 선택이었다. 모든 코드 포인트를 16비트 숫자에 끼워 맞출 수 있었기 때문에, 간단하게 코드 포인트와 코드 유닛이라고 부르는 인코딩 요소들의 일 대 일 매핑이 가능하다. 따라서, UCS-2는 각각이 하나의 유니코드 코드 포인트에 대응하는 개별 16비트 코드 유닛을 구성했다. 이 인코딩의 가장 큰 장점은 문자열로 인덱싱하는 비용이 저렴하고, 수행 시간에 변함이 없다는 점이다. 문자열의 n번째 코드 포인트에 접근하기 위해서 간단하게 배열의 n

번째 16비트 요소를 선택하면 된다. 그림 1.1은 원본 16비트 영역에 있는 코드 포인트들로만 구성된 예제 문자열을 보여준다.

이 결과, 당시 많은 수의 플랫폼이 16비트 문자 인코딩을 사용했다. 자바도 그런 플랫폼중 하나였고, 자바스크립트도 따라서 채용하였다. 자바스크립트 문자열의 모든 요소는 16비트 값이다. 유니코드가 1990년대 초반처럼 유지되고 있다면, 자바스크립트 문자열의 각 요소도 여전히 하나의 코드 포인트에 대응하고 있었을 것이다.

이 16비트의 범위는 꽤나 넓은데, ASCII 뿐만 아니라 무수한 역사적인 계승자들이 이어오고 있는 그 어떤 세상의 문자 체계도 모두 아우를 수 있을 정도다. 그렇기는 하지만, 시간이 지남에 따라 유니코드는 명백히 그 초기 범위보다 커지고 있고, 현재의 표준은 $2^{20}$개의 코드 포인트가 넘는 범위로 확장되었다. 새로 추가된 범위는 17개의 하위 조직으로 구성되었으며, 각 하위 조직은 $2^{16}$개의 코드 포인트를 가진다. 이 중 첫 번째는 기본 다중언어 평면(Basic Mutilingual Plane, BMP)이고, $2^{16}$개의 원본 코드 포인트로 구성된다. 남은 16개의 범위는 보충 평면이라고 부른다.

코드 포인트의 범위가 확장되고 나니, UCS-2는 한물간 구식이 되었다. UCS-2는 추가적인 코드 포인트를 표현하기 위해 확장될 필요가 있었다. 그 계승자인 UTF-16은 대부분 비슷하지만, 대리 쌍이 추가되었다. 대리 쌍은 $2^{16}$이나 그보다 큰 하나의 코드 포인트를 서로 인코딩하는 16비트 코드 유닛의 쌍이다. 예를 들어 음악에서 사용하는 높은음자리표 기호(𝄞)는 코드 포인트 U+1D11E(코드 포

---

**그림 1.1** 기본 다중언어 평면의 코드 포인트를 포함한 자바스크립트 문자열

| 'h' | 'e' | 'l' | 'l' | 'o' |
|:---:|:---:|:---:|:---:|:---:|
| 0x0068 | 0x0065 | 0x006c | 0x006c | 0x006f |
| 0 | 1 | 2 | 3 | 4 |

**그림 1.2** 보충 평면의 코드 포인트를 포함한 자바스크립트 문자열

| '𝄞' | | ' ' | 'c' | 'l' | 'e' | 'f' |
|---|---|---|---|---|---|---|
| 0xd834 | 0xdd1e | 0x0020 | 0x0063 | 0x006c | 0x0065 | 0x0066 |
| 0 | 1 | 2 | 3 | 4 | 5 | 6 |

인트 숫자 119070의 16진수 표현)에 할당되고, 이 코드 포인트는 두 코드 유닛 각각에 대응하는 비트를 결합하여 디코딩될 수 있다. (영리하게도, 인코딩은 이 '대리인'들 모두 유효한 BMP코드 포인트로 혼동되지 않도록 보장한다. 때문에 문자열 중간의 어딘가에서 탐색을 시작하더라도 항상 대리 쌍을 보고있음을 알아차릴 수 있다.) 그림 1.2에서 대리 쌍으로 표현된 문자열의 예제를 볼 수 있다. 첫 번째 문자열의 코드 포인트는 코드 유닛의 지표들과 코드 포인트의 지표들을 구분할 수 있게 해주는 대리 쌍을 필요로 한다.

UTF-16 인코딩의 각 코드 포인트는 한 개나 두 개의 16바이트 코드 유닛을 필요로 할 수 있다. UTF-16은 가변 길이의 인코딩이다. 길이 n의 문자열의 메모리 크기는 문자열의 특정 코드 포인트에 의해 변할 수 있다. 게다가, 문자열의 n번째 코드 포인트를 찾는 것은 고정된 시간이 소요일 뿐이다. 보통 스트링의 첫 부분부터 탐색한다.

하지만 유니코드의 범위가 확장되는 시점에 자바스크립트는 이미 16비트 문자열 요소들을 사용하고 있었다. 문자열의 length, charAt, charCodeAt과 같은 프로퍼티들과 메서드들은 모두 코드 포인트가 아니라 코드 유닛의 단계에서 동작한다. 따라서 문자열이 보충 평면의 코드 포인트를 포함한다면 언제든, 자바스크립트는 하나가 요소가 아니라 코드 포인트의 UTF-16 대리 쌍으로 된 두 개의 요소로 각각을 표현한다. 간단히 말하면, 자바스크립트 문자열의 요소는 16비트 코드 유닛이다.

내부적으로 자바스크립트 엔진은 문자열 내용를 저장하기 위해 최적화를 할

수 있다. 하지만 자신의 프로퍼티와 메서드를 고려하는 한, 문자열은 UTF-16 코드 유닛의 시퀀스처럼 동작한다. 그림 1.2의 문자열을 생각해보자. 문자열이 여섯 개의 코드 포인트를 포함함에도 불구하고, 자바스크립트는 그 길이를 7이라고 보고한다.

```
"<𝄞> clef".length; // 7
"G clef".length; // 6
```

문자열의 개별 요소를 추출하면 코드 포인트가 아니라 코드 유닛이 만들어진다.

```
"<𝄞> clef".charCodeAt(0);    // 55348 (0xd834)
"<𝄞> clef".charCodeAt(1);    // 56606 (0xdd1e)
"<𝄞> clef".charAt(1) === " "; // false
"<𝄞> clef".charAt(2) === " "; // true
```

유사하게, 정규 표현식은 코드 유닛 단계로 실행된다. 단일 문자 패턴(".")은 하나의 코드 유닛에 매칭된다.

```
/^.$/.test("𝄞"); // false
/^..$/.test("𝄞"); // true
```

이런 특징은 유니코드의 전체 영역을 처리하는 애플리케이션을 만들기가 훨씬 더 힘들다는 것을 말해 준다. 문자열의 메서드나 length 값, 인덱스로 검색하거나 다양한 정규 표현식 패턴에 의존할 수 없다. 기본 다중언어 평면 밖에서 처리한다면 코드 포인트를 인식하는 라이브러리의 도움을 얻는 것이 좋다. 인코딩과 디코딩의 세부 사항을 제대로 이해하기는 까다로울 수 있다. 따라서 로직을 직접 구현하기보다는 이미 존재하는 라이브러리를 사용하는 편이 바람직하다.

자바스크립트의 내장 문자열 데이터형은 코드 유닛의 수준에서 처리되지만, 코드 포인트와 대리 쌍에 대해 알 수 없도록 막지는 않는다. 사실 표준 ECMAScript 라이브러리 중 일부, 즉 encodeURI나 decodeURI, encode URIComponent, decodeURIComponent 같은 URI 조작 함수들은 대리 쌍을 정확히 처리한다. 자바스크립트 환경이 문자열을 처리하는 라이브러리, 예를 들어 웹페이지의 내용을 조작하거나 문자열로 I/O를 수행하는 라이브러리를 제공한다면 언제든, 이 라이브러리의 문서를 보고 유니코드 코드 포인트의 전체 범위를 어떻게 처리하는지 반드시 살펴보아야 한다.

### 기억할 점

- 자바스크립트 문자열은 유니코드 코드 포인트가 아니라 16비트 코드 유닛으로 구성된다.
- 자바스크립트에서 유니코드 코드 포인트 $2^{16}$ 이상은 대리 쌍이라고 알려진 두 개의 코드 유닛으로 표현된다.
- 대리 쌍은 문자열 요소의 개수를 반환하고, length, charAt, charCodeAt, 메서드와 "." 같은 정규 표현식 패턴에 영향을 미친다.
- 코드 포인트를 다루는 문자열 조작을 하기 위해서는 서드파티 라이브러리를 사용하라.
- 문자열을 처리하는 라이브러리를 사용할 때 코드 포인트의 전체 범위를 어떻게 처리하는지 해당 라이브러리의 문서를 찾아보아야 한다.

2장

# 변수 스코프

스코프는 프로그래머에게 산소와 같다. 스코프는 어디에나 있고, 그것에 대해 생각조차 하지 않는다. 하지만 오염이 되면... 질식사할 수밖에 없다.

　좋은 소식은 자바스크립트의 핵심 스코프 규칙이 간단하고, 잘 설계되었으며 믿을 수 없을 만큼 강력하다는 점이다. 하지만 예외가 있다. 자바스크립트를 효과적으로 사용하려면 변수 스코프의 몇 가지 기본 개념과 함께 이상하고 심각한 문제를 일으킬 수 있는 특수한 상황들에 대해서도 숙달해야 한다.

아이템 8

# 전역 객체의 사용을 최소화하라

자바스크립트는 전역 네임스페이스에 쉽게 변수를 만들 수 있다. 전역 변수는 어떤 선언문도 필요하지 않기 때문에 만들기 쉽고, 프로그램 전체의 모든 코드에서 자동으로 접근 가능하다. 이런 편리함에 초보자들은 쉽게 매혹된다. 하지만 숙련된 프로그래머들은 전역 변수를 사용하지 않아야 하는 이유를 알고 있다. 전역 변수를 정의하는 것은 모든 사람과 공유하는 공통의 네임스페이스를 더럽히고 뜻하지 않게 이름이 충돌할 만한 가능성을 만든다. 전역 변수는 프로그램의 구분된 요소들 간에 불필요한 결합을 초래하므로 모듈성에 반대되는 성향을 가진다. 최고의 프로그래머는 프로그래밍 과정에서 끊임없이 프로그램의 구조에 신경을 쓰고, 계속해서 관계된 기능을 한 데 묶고, 관련없는 요소들을 따로 나누지만, 전역 변수는 너무나 편리하기 때문에 "일단 코드를 작성하고 나중에 정리하자"는 식으로 사용되곤 한다.

실제로 전역 네임스페이스는 자바스크립트 프로그램의 구분된 요소들이 상호작용할 수 있는 유일한 방법이기 때문에, 전역 변수의 사용은 불가피하다. 라이브러리나 컴포넌트는 프로그램의 다른 부분에서 사용할 수 있도록 전역 변수 이름을 정의해야 한다. 그런 경우가 아니라면, 가능한 한 모든 변수를 지역 변수로 유지하는 게 최선이다. 확실히 전역 변수만으로도 프로그램을 작성할 수 있지만, 문제의 소지가 많다. 심지어 매우 간단한 함수라도 임시 변수를 전역적으로 정의하면 어떤 다른 코드가 똑같은 변수 이름을 사용하는지를 걱정해야 한다.

```
var i, n, sum; // 전역
function averageScore(players) {
    sum = 0;
    for (i = 0, n = players.length; i < n; i++) {
```

```
        sum += score(players[i]);
    }
    return sum / n;
}
```

averageScore가 의존하고 있는 score 함수에서 다른 목적으로 동일한 이름의
전역 변수를 사용한다면 이 함수 정의는 제대로 동작하지 않을 것이다.

```
var i, n, sum; // averageScore와 동일한 전역 변수
function score(player) {
    sum = 0;
    for (i = 0, n = player.levels.length; i < n; i++) {
        sum += player.levels[i].score;
    }
    return sum;
}
```

해결책은 이런 변수들을, 이를 사용하는 코드 내에 지역 변수로 유지하는 것
이다.

```
function averageScore(players) {
    var i, n, sum;
    sum = 0;
    for (i = 0, n = players.length; i < n; i++) {
        sum += score(players[i]);
    }
    return sum / n;
}
function score(player) {
    var i, n, sum;
    sum = 0;
    for (i = 0, n = player.levels.length; i < n; i++) {
        sum += player.levels[i].score;
    }
    return sum;
}
```

자바스크립트의 전역 네임스페이스는 전역 객체로도 노출되어 있다. 이 전역
객체는 프로그램의 최상단에서 this 키워드로 접근할 수 있다. 웹 브라우저에서
는 전역 객체가 전역 window 변수에도 바인딩되어 있다. 전역 변수를 추가하
거나 수정하면 자동으로 전역 객체가 갱신된다.

```
this.foo; // undefined
```

```
foo = "global foo";
this.foo; // "global foo"
```

유사하게, 전역 객체를 갱신하면 자동으로 전역 네임스페이스가 갱신된다.

```
var foo = "global foo";
this.foo = "changed";
foo; // "changed"
```

이는 전역 변수를 생성하기 위해 두 매커니즘 중 하나를 선택할 수 있다는 뜻이다. 전역 스코프에서 var로 정의하거나, 전역 객체에 추가하면 된다. 두 가지 방법 모두 동작하지만, var 선언문이 더 명백하게 프로그램의 스코프에 영향을 준다는 이점이 있다. var 선언문을 사용하면 바인딩되지 않은 변수를 참조했을 때 런타임 오류를 발생시키고, 스코프를 깨끗하고 간단하게 만들며, 어떤 전역 변수를 선언했는지 사용자가 이해하기 쉽다.

전역 객체의 사용을 제한하는 게 최선이지만, 한 가지 특별한 필수적인 사용법이 있다. 전역 객체는 전역 환경을 동적으로 반영하기 때문에, 해당 플랫폼에서 사용 가능한 기능을 탐지하기 위해서 실행 환경에 대한 질의를 하는 데 사용할 수 있다. 예를 들어, ES5는 JSON 데이터 형식을 읽고 쓰기 위한 새로운 전역 JSON 객체를 제공한다. JSON 객체를 제공하거나 혹은 아직 제공하지 않는 실행 환경에 임시 방편으로 코드를 배포하기 위해, 해당 객체의 존재 여부를 전역 객체에서 확인하고 대체제로 사용할 수 있는 구현체를 제공할 수 있다.

```
if (!this.JSON) {
    this.JSON = {
        parse: ...,
        stringify: ...
    };
}
```

물론 이미 JSON의 구현체를 제공하고 있다면 단순하게 그 구현체를 조건 없이 사용할 수도 있다. 하지만 호스트 실행 환경에 의해 제공되는 내장 구현체가 대부분 더 선호된다. 내장 구현체는 그 정확성과 표준 준수에 대해 더욱 많이 테스트되고, 대다수 서드파티 구현체보다 더 나은 성능을 보인다.

기능 탐지 기술은 웹브라우저에서 특히 중요하다. 엄청나게 다양한 브라우저들과 브라우저 버전에서 동일한 코드가 실행될 수 있기 때문이다. 기능 탐지는 다양한 플랫폼의 기능 모음들을 사용해 프로그램을 견고하게 만드는 비교적 쉬운 방법이다. 또한 브라우저나 자바스크립트 서버 환경 두 군데에서 모두 동작할 수 있는 라이브러리를 공유할 때에도 적용할 수 있다.

**기억할 점**

- 전역 변수를 선언하지 마라.
- 가능하면 변수를 지역적으로 선언하라.
- 전역 객체에 프로퍼티를 추가하지 마라.
- 플랫폼의 기능 탐지를 위해 전역 객체를 사용하라.

# 항상 지역 변수를 선언하라

전역 변수보다 문제를 일으킬 만한 한 가지가 더 있다면, 그것은 아마도 의도하지 않은 전역 변수일 것이다. 불행하게도, 자바스크립트의 변수 할당 규칙은 너무 간단해서 실수로 전역 변수를 만들기 쉽다. 프로그램에서 바인딩되지 않은 변수를 할당하면, 오류를 발생하는 대신에 단순히 새로운 전역 변수를 만들고, 이 변수를 새로운 전역 변수에 할당한다. 이는 지역 변수 선언을 깜빡 잊으면 아무 말없이 전역 변수로 변한다는 뜻이다.

```
function swap(a, i, j) {
    temp = a[i]; // 전역 변수
    a[i] = a[j];
    a[j] = temp;
}
```

temp 변수에 var 선언이 빠져서 우연히 전역 변수가 만들어졌지만 어찌되었든 이 프로그램은 오류없이 실행된다. 적절한 구현방법은 temp 변수를 var로 선언하는 것이다.

```
function swap(a, i, j) {
    var temp = a[i];
    a[i] = a[j];
    a[j] = temp;
}
```

의도적으로 전역 변수를 만드는 것은 나쁜 스타일에 불과하지만, 우연히 전역 변수를 만드는 것은 완전한 재앙이다. 이 때문에 많은 프로그래머들은 lint 도구•를 사용한다. lint 도구는 나쁜 스타일이나 버그를 낼 가능성이 있는 코드

---

• (옮긴이) 유명한 lint 도구로는 jslint나 jshint가 있다.

를 조사하고, 바인딩되지 않은 변수의 사용에 대해 알리기도 한다. 일반적으로 lint 도구는 선언되지 않은 변수를 사용자가 제공한 알려진 전역 변수(호스트 환경에서 이미 존재한다고 간주되거나 별도의 파일에서 선언한 전역 변수)인지 확인하고, 이 변수들에 대한 참조나 할당이 목록에 제공되지 않았는지, 프로그램에서 정의되지 않았는지 여부를 알려준다. 자바스크립트에서 사용 가능한 개발 도구에 어떤 것들이 있는지 찾아보는 것은 그만한 가치가 있다. 우연한 전역 변수 선언과 같은 흔한 오류를 확인하는 과정을 개발 프로세스에 통합하여 자동화하면 큰 도움이 될 것이다.

**기억할 점**

- 새로운 지역 변수는 항상 var를 사용해서 선언하라.
- 바인딩되지 않은 변수를 확인하는 데 도움을 주는 lint 도구의 사용을 고려해 보라.

아이템 10

# with를 사용하지 마라

with는 참 불쌍하다. 자바스크립트에서 이만큼 무시당하는 기능도 아마 없을 것이다. 그럼에도 불구하고 with는 진정 악명 높다. with는 편리함을 제공하기는 하지만 그로 인해 얻는 이득보다 더 많이 신뢰도를 떨어뜨리고 비효율적이다.

with의 필요성은 이해할 법도 하다. 프로그램은 종종 하나의 객체에서 여러 메서드를 호출해야 하는데, 해당 객체에 대한 참조를 반복할 필요가 없는 경우에는 with를 사용하는 편이 편리하기 때문이다.

```
function status(info) {
    var widget = new Widget();
    with (widget) {
        setBackground("blue");
        setForeground("white");
        setText("Status: " + info); // 모호한 참조
        show();
    }
}
```

모듈로 제공되는 객체의 변수를 불러들이기 위해 with를 사용하기도 한다.

```
function f(x, y) {
    with (Math) {
        return min(round(x), sqrt(y)); // 모호한 참조
    }
}
```

두 가지 경우 모두, with는 객체에서 프로퍼티를 추출해 내고 블록 내의 지역 변수로 바인딩하는데, 구미가 당길 정도로 쉽다.

이런 예제들은 흥미로워 보일지 몰라도 실제로는 기대하는 대로 동작하지 않는다. 두 예제가 어떻게 두 개의 다른 종류의 변수를 가지는지 주목해보자. setBackground, round, sqrt와 같이 with 객체의 프로퍼티로 참조하기를 기대

하는 변수와 외부의 변수 바인딩으로 참조하기를 기대하는 info, x나 y같은 변수가 있다. 하지만 실제로는 문법적으로 이 두 종류의 변수들을 구별할 방법이 없다. 이들 모두 그냥 변수처럼 보인다.

사실, 자바스크립트는 모든 변수를 동일하게 처리한다. 자바스크립트는 변수를 스코프 내에서 찾을 때, 가장 안쪽에서부터 시작해 바깥쪽으로 넓혀가면서 찾는다. with 선언문은 변수 스코프를 대표하는 것처럼 객체를 처리하여, with 블록 내부에서는 주어진 변수 이름을 가진 프로퍼티부터 찾기 시작한다. 객체 내에서 프로퍼티가 발견되지 않는다면, 그때는 외부 스코프로 이어서 탐색한다.

그림 2.1은 with 선언문의 본문이 실행되는 동안 상태 함수 스코프의 자바스크립트 엔진의 내부 표현을 나타낸 도표이다. ES5 명세서에는 어휘적 환경(lexical environment)으로 알려져 있다. (이전 버전의 표준에서는 스코프 체인이라고도 부른다.) 이 환경의 가장 안쪽 스코프는 widget 객체로부터 제공된다.

**그림 2.1** status 함수의 어휘적 환경(또는 스코프 체인)

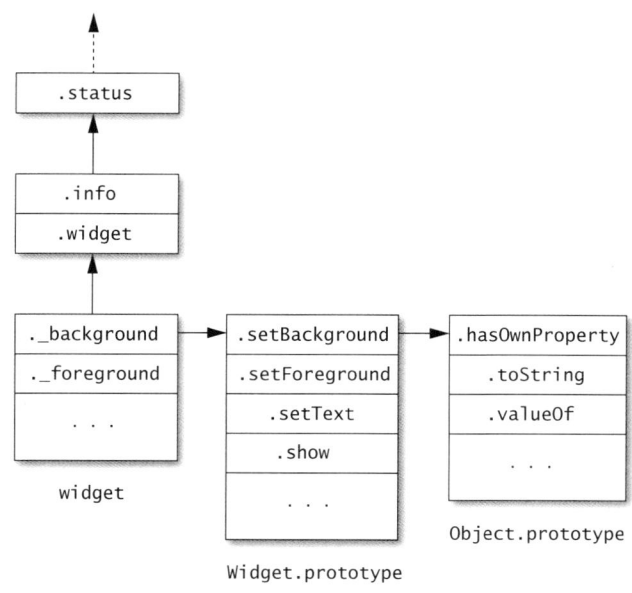

다음 외부 스코프는 함수의 지역 변수들인 info와 widget의 바인딩을 가진다. 다음 단계에서는 status 함수로의 바인딩을 가진다. 일반적인 스코프에서는 해당 지역 스코프에 있는 변수들의 개수만큼 해당 레벨의 환경에 어떻게 바인딩되는지 주목하라. 하지만 with 스코프에서는 주어진 때에 객체 안에서 무슨 일이 일어나는지에 의해서 바인딩의 수가 결정된다.

with에 제공된 객체에 어떤 프로퍼티가 있는지 혹은 없는지 얼마나 확신할 수 있을까? with 블록 내에서 외부 변수로의 모든 참조는 암묵적으로 with 객체 내에, 혹은 prototype 객체 내에 같은 이름의 프로퍼티가 없다는 것을 가정한다. 하지만 프로그램의 다른 부분에서 with 객체와 이 객체의 prototype을 생성하거나 수정할 수 있으며, 이 prototype이 그런 가정을 공유하지 않을 수도 있다. 이러한 다른 코드에서 여러분이 작성한 지역 코드가 어떤 지역 변수를 사용하게 될지 반드시 찾아 읽어야 할 필요는 없다.

변수 스코프와 객체 네임스페이스 사이의 충돌은 with 블록을 극도로 불안정하게 만든다. 예를 들어, 이전 예제에서의 widget 객체가 info 프로퍼티를 가지게 된다면, status 함수는 갑자기 status 함수의 info 파라미터 대신 widget 객체의 info 프로퍼티를 사용하게 된다. 이런 상황은 소스코드의 진화 과정 중, 예를 들어 모든 위젯들이 info 프로퍼티를 가지도록 프로그래머가 결정하였을 때, 얼마든지 발생할 수 있다. 또한 어디선가 런타임시 Widget의 prototype 객체에 info 프로퍼티를 추가할 수 있고, 이렇게 되면 status 함수가 예측불가능한 상황으로 망가지기 시작할 수도 있다.

```
status("connecting"); // Status: connecting
Widget.prototype.info = "[[widget info]]";
status("connected"); // Status: [[widget info]]
```

이와 유사하게, 누군가 Math 객체에 x나 y 프로퍼티를 추가한다면 이전 예제의 함수 f 또한 망가질 수 있다.

```
Math.x = 0;
Math.y = 0;
f(2, 9); // 0
```

아마도 Math에 x와 y 프로퍼티를 추가할 사람은 아무도 없을 것이다. 하지만 어떤 특정 객체가 수정될지, 혹은 알지 못하는 프로퍼티를 가지고 있을지 예측하기란 언제나 쉽지 않다. 또한 모두 알다시피, 사람에게 예측하기 어려운 기능은 최적화 컴파일러도 예측하기 쉽지 않다. 보통, 자바스크립트 스코프는 효율적인 내부 데이터 구조로 표현될 수 있고 변수 탐색이 빠르게 수행될 수 있다. 하지만 with 블록은 본문의 모든 변수를 찾기 위해 객체의 프로토타입 체인을 탐색하게 하고, 보통 일반적인 블록에 비해 현저히 느리게 실행될 것이다.

자바스크립트에는 with의 대안으로 사용할 만한 직접적인 대체 기능은 없다. 어떤 경우에는 객체를 단순히 짧은 이름의 변수로 바인딩하는 게 최선의 대안이다.

```javascript
function status(info) {
    var w = new Widget();
    w.setBackground("blue");
    w.setForeground("white");
    w.addText("Status: " + info);
    w.show();
}
```

이 예제의 동작은 훨씬 더 예측하기 쉽다. 어떠한 변수 참조도 객체 w의 내용에 신경쓰지 않는다. 따라서 어떤 코드가 Widget의 prototype을 수정하더라도, status 함수는 계속해서 기대한 대로 동작할 것이다.

```javascript
status("connecting"); // Status: connecting
Widget.prototype.info = "[[widget info]]";
status("connected"); // Status: connected
```

다른 경우에는, 지역 변수를 명시적으로 연관된 프로퍼티와 바인딩하는 것이 최선의 방법이다.

```javascript
function f(x, y) {
    var min = Math.min, round = Math.round, sqrt = Math.sqrt;
    return min(round(x), sqrt(y));
}
```

다시 말하지만, with를 제거하면 함수의 동작이 훨씬 더 예측 가능해진다.

```javascript
Math.x = 0;
```

```
Math.y = 0;
f(2, 9); // 2
```

**기억할 점**

- with 선언문을 사용하지 마라.

- 객체로의 반복되는 접근을 위해 짧은 변수 이름을 사용하라.

- with 선언문으로 암묵적으로 바인딩하는 대신에 명시적으로 지역 변수를 객체 프로퍼티에 바인딩하라.

# 클로저에 익숙해져라

클로저(closure)는 이를 지원하지 않는 언어를 사용하다 넘어온 프로그래머에게는 친근하지 않은 개념일 수도 있고, 처음에는 위협적으로 보일 수도 있다. 하지만 나머지 사람들에게는 클로저를 마스터하기 위한 노력이 분명한 보상으로 되돌아 올 것이라고 확신한다.

다행히도 실제로는 전혀 걱정할 것이 없다. 클로저를 이해하기 위해서는 단지세 가지 기본적인 사실만 배우면 된다. 첫 번째로 자바스크립트는 현재 함수 외부에서 선언된 변수를 참조할 수 있다.

```
function makeSandwich() {
    var magicIngredient = "peanut butter";
    function make(filling) {
        return magicIngredient + " and " + filling;
    }
    return make("jelly");
}
makeSandwich(); // "peanut butter and jelly"
```

내부의 make 함수가 이 함수 바깥에서 선언된, 다시 말하면 magicIngredient 함수에서 선언된 makeSandwich 변수를 참조한다는 사실을 주목하라.

두 번째로, 함수는 외부 함수가 무언가를 리턴한 이후에도 이 외부 함수에 선언된 변수를 참조할 수 있다. 이 사실이 이해하기 힘들다면, 자바스크립트 함수가 일종 객체(first-class object)라는 사실을 기억하라(아이템 19 참고). 이는 내부 함수를 리턴할 수 있고, 이 함수가 나중에 다시 호출될 수 있다는 뜻이다.

```
function sandwichMaker() {
    var magicIngredient = "peanut butter";
    function make(filling) {
        return magicIngredient + " and " + filling;
    }
```

```
        return make;
    }
    var f = sandwichMaker();
    f("jelly"); // "peanut butter and jelly"
    f("bananas"); // "peanut butter and bananas"
    f("marshmallows"); // "peanut butter and marshmallows"
```

이 예제는 외부 함수 안에서 make("jelly")를 곧바로 호출하는 대신에 sandwichMaker가 make 함수 자체를 리턴한다는 점을 빼고는 첫 번째 예제와 거의 동일하다. f의 값은 내부의 make 함수이고, f를 호출하는 것은 make를 효과적으로 호출하는 셈이 된다. 하지만 sandwichMaker가 이미 리턴되었더라도, make 함수는 어찌되었든 magicIngredient의 값을 기억하고 있다.

이런 일이 어떻게 가능할까? 자바스크립트 함수 값은 호출되었을 때 실행되기 위한 코드 뿐만 아니라 더 많은 정보를 포함하고 있기 때문에 가능하다. 자바스크립트 함수는 해당 스코프에서 선언되어 참조할 수 있는 어떤 변수더라도 내부적으로 보관한다. 함수 자신이 포함하는 스코프의 변수들을 추적하는 함수를 클로저라고 한다. make 함수는 magicIngredient와 filling 두 개의 외부 변수를 참조하는 클로저다. 언제든 make 함수가 호출되면, 이 두 변수가 클로저에 저장되어 있기 때문에 참조할 수 있다.

함수는 파라미터와 외부 함수의 변수뿐만 아니라 해당 스코프 내에 포함된 어떤 변수라도 참조할 수 있다. 이를 이용하면 더 보편적으로 사용할 수 있는 sandwichMaker 함수를 만들 수 있다.

```
function sandwichMaker(magicIngredient) {
    function make(filling) {
        return magicIngredient + " and " + filling;
    }
    return make;
}
var hamAnd = sandwichMaker("ham");
hamAnd("cheese"); // "ham and cheese"
hamAnd("mustard"); // "ham and mustard"
var turkeyAnd = sandwichMaker("turkey");
turkeyAnd("Swiss"); // "turkey and Swiss"
turkeyAnd("Provolone"); // "turkey and Provolone"
```

이 예제는 hamAnd와 turkeyAnd 두 개의 다른 함수를 생성한다. 두 함수가 동일한 make 정의에 의해 만들어짐에도 불구하고, 이들은 두 개의 서로 다른 객체다. 첫 번째 함수에서 magicIngredient의 값은 "ham"이고, 두 번째 함수에서는 "turkey"다.

클로저는 자바스크립트에서 가장 우아하고 표현력이 높은 기능 중 하나이고, 많은 유용한 코딩 관례들의 중심이 된다. 자바스크립트는 클로저를 생성하기 위한 더 편리하고 일반적인 문법을 제공하는데, 함수 표현식이 바로 그것이다.

```
function sandwichMaker(magicIngredient) {
    return function(filling) {
        return magicIngredient + " and " + filling;
    };
}
```

함수 표현식이 익명인 사실에 주목하라. 이 함수는 지역적으로 호출하기 위한 의도로 만든 것이 아니라, 새로운 함수 값을 만들기 위해 평가하는 용도로만 만들어졌기 때문에 이름을 지을 필요조차 없다. 물론 함수 표현식은 이름을 가질 수도 있다(아이템 14 참고).

세 번째이자 마지막으로 기억해야 할 사실은 클로저가 외부 변수의 값을 변경할 수 있다는 점이다. 클로저는 실제로 외부 변수의 값을 복사하지 않고 참조를 저장한다. 따라서 그들에게 접근하는 어떤 클로저도 변경사항을 볼 수 있다. 이 내용을 묘사하는 간단한 코딩 관례로 box 객체에 대한 다음 예제를 살펴보자. box 객체는 내부의 값을 가지며, 그 값을 읽고 변경할 수 있는 객체다.

```
function box() {
    var val = undefined;
    return {
        set: function(newVal) { val = newVal; },
        get: function() { return val; },
        type: function() { return typeof val; }
    };
}
var b = box();
b.type(); // "undefined"
b.set(98.6);
b.get(); // 98.6
b.type(); // "number"
```

이 예제는 세 개의 클로저, 즉 set, get, type 프로퍼티들을 포함하는 객체를 생성한다. 각 클로저는 val 변수를 공유하여 접근한다. set 클로저로 val의 값을 변경하고, 그 이후에 get과 type을 호출해 변경에 대한 결과를 확인한다.

**기억할 점**

- 함수는 외부 스코프에 선언된 변수를 참조할 수 있다.
- 클로저는 자신을 생성한 함수보다 더 오래 지속된다.
- 클로저는 내부적으로 외부 변수에 대한 참조를 저장하고, 저장된 변수를 읽고 갱신할 수 있다.

# 변수 호이스팅에 대해 이해하라

자바스크립트는 몇몇 예외를 제외하고 어휘적 스코프를 지원한다. 변수 foo에 대한 참조는 foo가 정의된 가장 가까운 스코프로 향하게 된다. 하지만, 자바스크립트는 블록 단위의 스코프를 지원하지 않는다. 변수 정의는 이를 포함한 가장 가까운 선언문이나 블록으로 스코프가 정해지는 것이 아니라, 자신을 포함하는 함수에 의해 지정된다.

이런 특이한 성격을 이해하지 못하면 다음과 같은 이상한 버그를 만들어 낼 수도 있다.

```javascript
function isWinner(player, others) {
    var highest = 0;
    for (var i = 0, n = others.length; i < n; i++) {
        var player = others[i];
        if (player.score > highest) {
            highest = player.score;
        }
    }
    return player.score > highest;
}
```

이 프로그램은 지역 변수 player를 for 반복문의 본문 안에 선언하려는 듯이 보인다. 하지만 자바스크립트 변수는 블록에 의해서가 아니라 함수에 의해서 스코프가 정해지기 때문에, player의 내부 선언은 이미 스코프 안에 선언된 변수 즉, player 파라미터를 재선언하는 것일 뿐이다. 또한 반복문의 이터레이션마다 동일한 변수를 덮어쓰게 된다. 그 결과, return 선언문은 player를 함수의 원래 player 인자가 아닌 마지막 요소로 보게 된다.

자바스크립트 변수 선언의 동작을 선언과 할당의 두 부분으로 나누어서 이해하면 좋다. 자바스크립트는 암묵적으로 둘러싼 함수의 맨 윗부분으로 선언을 끌어올리고(호이스팅) 할당 부분은 그 자리에 그대로 둔다. 달리 말해서 변수는 전체 함수의 스코프 안에 있지만, 실제로는 var 선언문이 나타난 곳에서만 할당 되는 것이다. 그림 2.2는 호이스팅에 대한 시각화 자료를 보여준다.

**그림 2.2** 변수 호이스팅

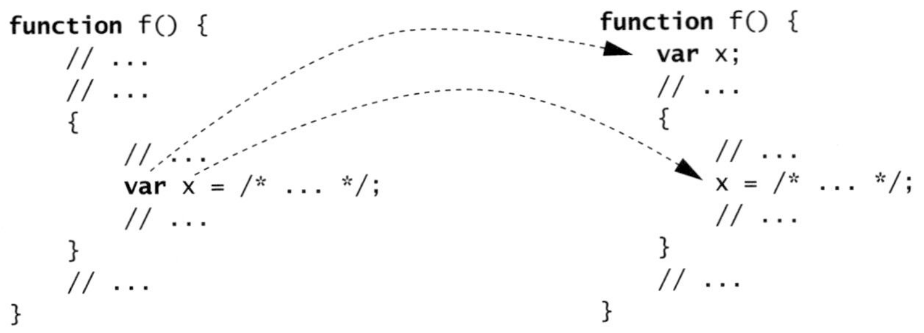

```
function f() {                        function f() {
    // ...                                var x;
    // ...                                // ...
    {                                     {
        // ...                                // ...
        var x = /* ... */;                    x = /* ... */;
        // ...                                // ...
    }                                     }
    // ...                                // ...
}                                     }
```

호이스팅은 변수를 재선언할 때 혼란을 초래할 수 있다. 동일한 함수 내에서 같은 변수를 여러 번 정의하는 것은 허용되지 않는다. 이는 여러 개의 반복문을 작성할 때 자주 나타난다.

```
function trimSections(header, body, footer) {
    for (var i = 0, n = header.length; i < n; i++) {
        header[i] = header[i].trim();
    }
    for (var i = 0, n = body.length; i < n; i++) {
        body[i] = body[i].trim();
    }
    for (var i = 0, n = footer.length; i < n; i++) {
        footer[i] = footer[i].trim();
    }
}
```

trimSections 함수는 여섯 개의 지역 변수(i 3개, n 3개)를 선언하지만 호이 스팅으로 인해 오직 두 개만이 선언되었다. 달리 말해서 호이스팅된 이후에는, trimSections 함수는 다음와 같이 다시 쓰여진 셈이다.

```
function trimSections(header, body, footer) {
    var i, n;
```

```
    for (i = 0, n = header.length; i < n; i++) {
        header[i] = header[i].trim();
    }
    for (i = 0, n = body.length; i < n; i++) {
        body[i] = body[i].trim();
    }
    for (i = 0, n = footer.length; i < n; i++) {
        footer[i] = footer[i].trim();
    }
}
```

재선언은 별도의 변수를 나타내기 때문에, 어떤 프로그래머들은 효과적으로 모호함을 줄이기 위해 변수들을 직접 호이스팅하여 함수의 맨 윗부분에 모든 var 선언문을 위치시키는 방식을 선호한다. 이런 스타일이 마음에 들지 않더라도, 자바스크립트의 스코프 규칙을 이해하는 것은 코드를 읽고 쓰는 데 중요하다.

자바스크립트에서 블록 스코프가 지원되는 예외 상황 중 하나는 바로 exception이다. try...catch는 exception을 잡아 변수로 바인딩하고, 해당 변수는 catch 블록 안에서만 스코프가 적용된다.

```
function test() {
    var x = "var", result = [];
    result.push(x);
    try {
        throw "exception";
    } catch (x) {
        x = "catch";
    }
    result.push(x);
    return result;
}
test(); // ["var", "var"]
```

**기억할 점**

- 블록 내에서의 변수 선언은 암묵적으로 그 변수를 포함하는 함수의 맨 윗부분으로 호이스팅된다.

- 변수의 재선언은 하나의 변수처럼 처리된다.

- 혼란을 막기 위해 지역 변수 선언을 직접 호이스팅하는 것을 고려하라.

아이템 13

# 지역 변수 스코프를 만들기 위해 즉시 실행 함수 표현식을 사용하라

다음 (버그가 있는!) 프로그램은 어떤 계산을 할까?

```
function wrapElements(a) {
    var result = [], i, n;
    for (i = 0, n = a.length; i < n; i++) {
        result[i] = function() { return a[i]; };
    }
    return result;
}
var wrapped = wrapElements([10, 20, 30, 40, 50]);
var f = wrapped[0];
f(); // ?
```

아마도 프로그래머는 10이라는 값을 계산할 의도로 코드를 작성했겠지만, 실제로는 undefined 값이 만들어진다.

이 예제를 제대로 동작하도록 하기 위해서는 바인딩과 할당의 차이점을 이해해야 한다. 런타임시 스코프에 진입하면 해당 스코프에 있는 변수들을 바인딩하기 위해 메모리에 '슬롯'을 할당한다. wrapElements 함수는 세 지역 변수 result, i, n을 바인딩한다. 따라서 이 함수가 호출되면 wrapElements 함수는 이세 변수들을 위한 슬롯을 할당한다. 반복문을 순회할 때마다, 반복문의 본문은 감싸는 함수를 위한 클로저를 할당한다. 이 프로그램의 버그는 감싸진 함수가 생성되는 시점에 그 함수가 i의 값을 명백히 저장하고 있다고 기대하기 때문에 발생한다. 하지만 사실은 i로의 참조를 포함할 뿐이다. i의 값이 매번 함수가 생성되고 난 뒤 변하기 때문에, 내부의 함수는 결국 i의 마지막 값을 바라보게 된다. 이게 바로 클로저의 키 포인트다. 클로저는 외부 변수의 값이 아니라 참조를 저장한다.

따라서 wrapElements에 의해 생성된 모든 클로저들은 반복문 이전에 i를 위해 생성된 하나의 공유 슬롯을 참조한다. 반복문을 순회할 때마다 i값은 배열의 마지막에 도달할 때까지 증가하고, 클로저 i를 실제로 호출할 때에는, 배열의 다섯 번째 인덱스를 찾게 되어 undefined를 리턴한다.

var 선언을 for 반복문의 머리 부분에 두더라도 wrapElements는 완전히 동일하게 동작한다는 점을 주목하라.

```javascript
function wrapElements(a) {
    var result = [];
    for (var i = 0, n = a.length; i < n; i++) {
        result[i] = function() { return a[i]; };
    }
    return result;
}
var wrapped = wrapElements([10, 20, 30, 40, 50]);
var f = wrapped[0];
f(); // undefined
```

이 버전은 var 선언문이 반복문의 안쪽에서 나타나기 때문에 조금 더 헷갈릴 수 있다. 하지만 항상, 변수 선언은 반복문의 맨 윗부분으로 호이스팅된다. 따라서 마찬가지로 변수 i를 위한 하나의 슬롯만 할당된다.

다음과 같이 감싸진 함수를 만들어 강제로 지역 스코프를 만들고 즉시 실행하는 방법으로 이 문제를 해결할 수 있다.

```javascript
function wrapElements(a) {
    var result = [];
    for (var i = 0, n = a.length; i < n; i++) {
        (function() {
            var j = i;
            result[i] = function() { return a[j]; };
        })();
    }
    return result;
}
```

이 방법은, 즉시 실행 함수 표현식 또는 IIFE(immediately invoked function expression)라고 부르며, 자바스크립트의 블록 스코프 지원을 위한 필수적인 차선책이다. 대안으로 사용할 수 있는 변형으로는 다음과 같이 지역 변수를 IIFE의 파라미터로 바인딩하고 그 값을 인자로 전달하는 방법이 있다.

```
function wrapElements(a) {
    var result = [];
    for (var i = 0, n = a.length; i < n; i++) {
        (function(j) {
            result[i] = function() { return a[j]; };
        })(i);
    }
    return result;
}
```

하지만, 지역 스코프를 생성하기 위해 IIFE를 사용할 때에는, 함수 안에 블록으로 감싸는 것이 블록에 어떤 이상한 변화를 만들기 때문에 조심해야 한다. 첫째로, 블록 안에서는 블록 바깥으로 뛰쳐나가기 위해 break나 continue 명령어를 사용할 수 없다. 왜냐하면 함수 밖에서 break나 continue를 사용할 수 없기 때문이다. 두 번째로, 블록에서 this나 특별한 arguments 변수를 참조하면, IIFE는 이를 다르게 해석한다. 3장에서 this와 arguments를 사용하는 기법들에 대해서 다룰 것이다.

### 기억할 점

- 바인딩과 할당의 차이점을 이해하라.
- 클로저는 외부 변수의 값이 아닌 참조를 저장한다.
- 지역 스코프를 만들기 위해 즉시 실행 함수 표현식을 사용하라.
- IIFE에서 블록으로 감쌌을 때 변화하는 상황에 주의하라.

아이템 14

# 기명 함수 표현식의 스코프에 주의하라

자바스크립트 함수는 어디서 사용하든지 똑같이 보일 수도 있지만, 문맥에 따라 그 의미가 달라진다. 다음과 같은 코드 조각을 살펴보자.

```javascript
function double(x) { return x * 2; }
```

이 함수는, 어디서 나타나는지에 따라 함수 선언문이 될 수도 있고 기명 함수(named function) 표현식이 될 수도 있다. 친근한 이 선언문은 함수를 선언하고 현재 스코프의 변수에 이를 바인딩한다. 예를 들어, 프로그램의 최상위 레벨에서 이 선언문은 전역 함수 double을 생성할 것이다. 하지만 동일한 함수 코드가 다음과 같이 완전히 다른 의미를 가지는 표현식으로 사용될 수도 있다.

```javascript
var f = function double(x) { return x * 2; };
```

ECMAScript 명세에 따르면, 이 예제는 함수를 double이 아니라 변수 f에 바인딩한다. 물론, 함수 표현식에 이름을 지정할 필요는 없다. 익명 함수 표현식의 형태로 사용할 수도 있다.

```javascript
var f = function(x) { return x * 2; };
```

기명 함수 표현식은 익명 함수 표현식과 달리 그 이름을 함수 내의 지역 변수로 바인딩한다는 공식적인 차이점이 있다. 이 특징을 재귀 함수 표현식을 작성하는 데 사용할 수 있다.

```javascript
var f = function find(tree, key) {
    if (!tree) {
        return null;
    }
    if (tree.key === key) {
        return tree.value;
    }
```

```
        return find(tree.left, key) ||
            find(tree.right, key);
};
```

find는 그 함수 자신의 내부에서만 스코프가 적용된다는 점을 주목하라. 함수 선언문과 다르게, 기명 함수 표현식은 내부에서 사용되는 이름을 외부에서 참조할 수 없다.

```
find(myTree, "foo"); // 오류: find가 정의되지 않음
```

재귀를 위해 기명 함수 표현식을 사용하는 것은, 다음과 같이 그 함수의 외부 스코프의 이름을 사용할 수도 있기 때문에 별로 유용하지 않을지도 모른다.

```
var f = function(tree, key) {
    if (!tree) {
        return null;
    }
    if (tree.key === key) {
        return tree.value;
    }
    return f(tree.left, key) ||
        f(tree.right, key);
};
```

혹은 다음과 같이 단순하게 선언문을 사용해도 된다.

```
function find(tree, key) {
    if (!tree) {
        return null;
    }
    if (tree.key === key) {
        return tree.value;
    }
    return find(tree.left, key) ||
        find(tree.right, key);
}
var f = find;
```

하지만, 기명 함수 표현식은 디버깅할 때 정말로 유용하다. 대부분의 최신 자바스크립트 실행 환경은 Error 객체를 위해 스택 추적(stack trace)을 만들고, 함수 표현식의 이름은 보통 스택 추적 내의 엔트리로 사용된다. stack을 검사하는 기능을 가진 디버거들은 보통 기명 함수 표현식을 비슷한 방식으로 사용한다.

안타깝게도, 기명 함수 표현식은 유명한 자바스크립트 엔진에서의 버그와 ECMAScript 명세의 과거 실수로 인해, 스코프와 호환성 이슈를 낳기로 악명 높다. ES3에 존재했던 명세 실수는 기명 함수 표현식의 스코프를 객체로 표현해야 한다는 것인데, 이로 인해 생성시 문제를 일으킬 소지가 많았다. 이 스코프 객체는 그 함수의 이름을 바인딩하는 하나의 프로퍼티만을 가지지만, 당연히 Object.prototype의 프로퍼티들을 상속받았다. 이는 함수 표현식에 이름을 짓는 것만으로 Object.prototpe의 모든 프로퍼티가 해당 스코프 안으로 들어온다는 뜻이다. 그 결과는 매우 놀랍다.

```
var constructor = function() { return null; };
var f = function f() {
    return constructor();
};
f(); // {} (ES3 실행 환경)
```

이 프로그램은 null을 반환할 것으로 보이지만, 기명 함수 표현식이 Object.prototype.constructor(즉, Object 생성자 함수)를 상속하기 때문에 실제로는 새로운 객체를 만들어 낸다. 그리고 with와 비슷하게 스코프는 Object.prototype의 동적인 변화에 영향을 받는다. 프로그램의 한 부분에서 Object.prototype에 프로퍼티를 추가하거나 삭제하게 되면 함수 표현식 안의 모든 변수가 영향을 받게 된다.

고맙게도, ES5에서는 이 실수를 수정하였다. 하지만 몇몇 자바스크립트 실행 환경은 여전히 잘못된 객체 스코프 방식을 고수하고 있다. 더 나쁜 점은, 어떤 실행 환경은 표준을 더 지키지 않아서, 익명 함수 표현식에도 객체를 스코프로 적용한다는 것이다! 이런 경우에는 함수 표현식의 이름을 제거해도 이전 예제의 결과 값이 null이 아니라 객체를 반환하게 된다.

```
var constructor = function() { return null; };
var f = function() {
    return constructor();
};
f(); // {} (표준을 따르지 않는 실행 환경)
```

함수 표현식의 스코프를 객체로 오염시키는 이런 문제를 피할 수 있는 최선의 방법은 Object.prototype에 새로운 프로퍼티를 절대 추가하지 않고, 지역 변수에 표준 Object.prototype 프로퍼티의 어떠한 이름도 사용하지 않는 것이다.

다음은 유명한 자바스크립트 엔진에서 발견되는 버그로, 기명 함수 표현식을 선언문처럼 호이스팅한다. 예를 들면 다음과 같다.

```
var f = function g() { return 17; };
g(); // 17 (표준을 따르지 않는 실행 환경)
```

이는 명백히 표준을 제대로 준수하지 않는 동작이다. 어떤 자바스크립트 실행 환경은 더 나쁘게도, 함수 f와 g를 별도의 객체로 처리하여 불필요한 메모리 할당을 초래하기도 한다. 이런 동작을 피하기 위한 합리적인 차선책으로 다음과 같이 함수 표현식과 동일한 이름으로 지역 변수를 만들고 null을 할당하면 된다.

```
var f = function g() { return 17; };
var g = null;
```

변수를 var로 재선언하면 함수 표현식을 오류로 호이스팅하는 실행 환경에서도 g가 바인딩되는 것을 보장하고, 값을 null로 지정하면 복제된 함수가 가비지 컬렉션의 대상이 되게 한다.

결국 기명 함수 표현식을 사용하기에는 너무 문제가 많다고 결론짓는 것이 당연하다. 또는 기명 함수 표현식을 디버깅할 때만 사용하고, 배포하기 전에 전처리기를 통해 모든 함수 표현식을 익명으로 만드는 것이 좋다. 하지만 한 가지는 확실하다. 반드시 어떤 플랫폼에 배포할지를 확실히 해야 한다(아이템 1 참고). 지원할 필요가 없는 플랫폼을 위해 이미 작성한 코드를 이런 대안 코드로 일일이 수정해 고치는 것은 바보같은 짓이다.

### 기억할 점

- Error 객체와 디버거에서 스택 추적을 개선하기 위해 기명 함수 표현식을 사용하라.
- ES3과 버그가 있는 자바스크립트 실행 환경에서 함수 표현식이 스코프를 Object.prototype으로 오염시킨다는 점을 주의하라.

- 버그가 있는 자바스크립트 실행 환경에서 기명 함수 표현식의 호이스팅과 중복 할당을 주의하라.
- 기명 함수 표현식의 사용을 자제하고, 배포하기 전에 제거하라.
- ES5를 제대로 구현한 실행 환경에 배포한다면, 아무런 걱정을 할 필요가 없다.

# 블록-지역 함수 선언문의 스코프에 주의하라

감싸진 함수 선언문이 문맥에 민감하다는 이야기를 계속하게 된다. 지역 블록 안에 함수를 선언하는 표준이 없다는 사실을 알게 된다면 아마 놀랄지도 모르 겠다. 다음과 같이 다른 함수의 맨 윗부분에 함수 선언문을 넣는 방법은 관례적 이고 완벽히 정확하다.

```
function f() { return "global"; }
function test(x) {
    function f() { return "local"; }
    var result = [];
    if (x) {
        result.push(f());
    }
    result.push(f());
    return result;
}
test(true); // ["local", "local"]
test(false); // ["local"]
```

하지만 f를 지역 블록 안으로 이동시키면 완전히 다른 이야기가 된다:

```
function f() { return "global"; }
function test(x) {
    var result = [];
    if (x) {
        function f() { return "local"; } // 지역 블록
        result.push(f());
    }
    result.push(f());
    return result;
}
test(true); // ?
test(false); // ?
```

내부의 f가 if 블록에 지역적으로 나타나기 때문에, 첫 번째 test 함수를 호출

할 때는 배열 ["local", "global"]을 반환하고, 두 번째 호출에는 ["global"]을 반환하리라고 예상할 것이다. 다르게 추측해보면 ["local", "local"]과 ["local"]을 반환할 것으로 예상할 수 있다. 실제로 몇몇 자바스크립트 실행 환경은 이 같이 동작한다. 하지만 모든 실행 환경이 그런 것은 아니다! 다른 실행 환경에서는 런타임시 조건적으로 어떤 포함된 블록이 실행되는지에 따라서 내부 f를 바인딩한다. (이는 코드를 이해하기 어렵게 만들 뿐 아니라, with문처럼 성능을 떨어뜨린다.)

ECMAScript 표준은 이런 문제에 대해 어떻게 설명하고 있을까? 놀랍게도 거의 아무것도 없다. ES5 이전까지의 표준은 블록-지역 함수 선언문의 존재조차 알지 못했다. 함수 선언문은 공식적으로 다른 함수나 프로그램의 가장 바깥 레벨에서만 나타날 수 있다고 기술되어 있다. ES5조차 비표준 문맥으로 사용되는 함수 선언문을 주의나 오류로 표시하기를 권하고, 인기 있는 자바스크립트 구현체들도 스트릭트 모드에서 이를 오류로 보고한다. 블록-지역 함수 선언문을 가진 스트릭트 모드의 프로그램은 문법 오류를 발생시킨다. 이런 오류는 실행 환경에 따라 사용할 수 없는 코드를 발견하는 데 도움을 주고, 다음 버전의 표준이 더 실용적이고 어느 실행 환경에서도 사용 가능한 블록-지역 선언문의 의미를 가질 수 있도록 유도한다.

반면에, 어떤 실행 환경에서도 올바르게 동작하는 함수를 작성하기 위한 최선의 방법은 함수 선언문을 지역 블록이나 하위 명령에 절대 두지 않는 것이다. 감싸진 함수 선언문을 작성하고 싶다면, 원본 버전의 코드에서 보여준 것처럼 부모 함수의 가장 바깥에 두어라. 만약 함수들을 조건에 따라 선택할 필요가 있다면, 최선의 방법은 var 선언문과 함수 표현식을 사용하는 것이다.

```
function f() { return "global"; }
function test(x) {
    var g = f, result = [];
    if (x) {
        g = function() { return "local"; }
        result.push(g());
    }
    result.push(g());
    return result;
}
```

이 방법은 내부 변수(여기서는 g로 다시 명명되었다)의 스코프에 대한 궁금증을 말끔히 해결해 준다. 내부 변수는 무조건 지역 변수로 바인딩되고 할당만 조건적으로 실행된다. 따라서 결과 값은 명백하며 어떤 환경에서든 동일하다.

### 기억할 점
- 실행 환경에 따라 다르게 동작할 수 있는 여지가 있으므로, 함수 선언문은 이를 포함하는 함수나 프로그램의 가장 바깥에 두어라.
- 조건적인 함수 선언문 대신, 조건적인 할당문을 이용해 var 선언문을 사용하라.

# eval을 이용해 지역 변수를 생성하지 마라

자바스크립트의 eval 함수는 믿기 힘들 정도로 강력하고 유연한 도구다. 막강한 도구는 악용되기 쉽기 때문에, 제대로 이해해 두는 것이 좋다. eval의 이상한 동작을 확인하기 위한 가장 쉬운 방법은 스코프를 침범하게 만드는 것이다.

eval은 자신의 인자를 자바스크립트 프로그램처럼 해석하지만, 이 프로그램은 호출자의 지역 스코프 안에서 실행된다. 임베드된 프로그램의 전역 변수는 호출한 프로그램의 지역 변수로 생성된다.

```
function test(x) {
    eval("var y = x;"); // 동적인 바인딩
    return y;
}
test("hello"); // "hello"
```

이 예제는 명확하지만, var 선언문이 test의 본문에 직접 포함된 것과는 약간은 다르게 동작한다. var 선언문은 오직 eval 함수가 호출될 때에만 실행된다. eval을 조건적인 문맥에 위치시키면 해당 조건문이 실행될 때에만 그 변수를 스코프 내로 가져오게 된다.

```
var y = "global";
function test(x) {
    if (x) {
        eval("var y = local';"); // dynamic binding // 동적인 바인딩
    }
    return y;
}
test(true); // "local"
test(false); // "global"
```

스코프를 프로그램의 동적인 동작에 의해 결정하는 방법은 대부분의 경우 좋지 않다. 프로그램이 어떻게 실행되는지에 대한 세부 사항을 이해하기 위해서는

어떤 변수가 바인딩되어 참조되는지 간단하게 이해할 수 있어야 한다. 소스코드를 지역적으로 선언하지 않고 다음과 같이 eval에 전달하면 특히 더 교묘해진다.

```
var y = "global";
function test(src) {
    eval(src); // 아마도 동적으로 바인딩된다
    return y;
}
test("var y = 'local';"); // "local"
test("var z = 'local';"); // "global"
```

이 코드는 불안정하고 안전하지 않다. 외부의 호출자가 test 함수의 내부 스코프를 변경할 수 있기 때문이다. eval이 그 자신의 스코프를 수정할 수 있게 하는 것 또한 ES5 스트릭트 모드의 호환성에 적합하지 않다. ES5의 스트릭트 모드는 이런 식으로 스코프를 더럽히지 않도록 eval을 감싸진 스코프에서 실행한다. eval이 외부 스코프에 영향을 주지 않도록 하는 간단한 방법은 명시적으로 감싸진 스코프 안에서 실행되도록 하는 것이다.

```
var y = "global";
function test(src) {
    (function() { eval(src); })();
    return y;
}
test("var y = 'local';"); // "global"
test("var z = 'local';"); // "global"
```

**기억할 점**

- 호출자의 스코프를 어지럽힐 수 있으므로 eval을 통한 변수 생성을 자제하라.
- eval 코드가 전역 변수를 생성할 가능성이 있다면, 스코프 오염을 막기 위해 감싸진 함수 안에서 호출하라.

# 직접적인 eval보다
# 간접적인 eval을 사용하라

eval 함수는 숨겨진 무기를 가지고 있다. eval 함수는 단순한 함수 그 이상이다.

대부분의 함수는 자신이 선언된 스코프에 접근할 수 있고, 이 외에는 아무 데도 접근할 수 없다. 하지만 eval은 자신이 호출된 시점의 전체 스코프에 접근할 수 있다. 이는 정말로 막강하다고 할 수 있는데, 컴파일러를 만드는 개발자들이 처음으로 자바스크립트를 최적화하려고 했을 때, eval 때문에 모든 함수 호출을 효과적으로 만들기가 어렵다는 사실을 알게 되었다. 왜냐하면 모든 함수 호출이 런타임시 eval로 호출되었다고 판명되는 경우, 자신의 스코프를 사용 가능하도록 만들어 줘야 하기 때문이다.

이를 절충하기 위해, 표준안에서는 eval을 실행하는 방법을 둘로 나누어 진화시켜 왔다. 식별자 eval을 포함하는 함수 호출은 다음과 같이 '직접적인' eval 호출로 간주된다.

```
var x = "global";
function test() {
    var x = "local";
    return eval("x"); // 직접적인 eval
}
test(); // "local"
```

이 경우 컴파일러는 반드시, 실행된 프로그램이 호출자의 지역 스코프에서 접근을 끝마치게 해야 한다. 다른 방법으로 eval을 호출하면 '간접적인' 호출로 간주되고, 그 인자를 전역 스코프에서 평가한다. 예를 들어, eval 함수를 다른 변수 이름으로 바인딩하고, 이렇게 대체된 이름을 통해 호출하면 코드는 지역 스코프로의 모든 접근을 잃게 된다.

```
var x = "global";
function test() {
```

```
        var x = "local";
        var f = eval;
        return f("x"); // 간접적인 eval
}
test(); // "global"
```

직접적인 eval의 정확한 정의는 ECMAScript 표준의 특이한 언어 명세에 기인한다고 할 수 있다. 실제로는, 직접적인 eval을 만들어 낼 수 있는 유일한 문법은 (몇 개의) 괄호로 둘러싸일 수도 있는 eval이라는 이름을 가진 변수다. 간접적인 eval을 호출을 작성하기 위한 정확한 방법은 다음과 같이 소수점이 없는 숫자 리터럴과 표현식 연속 연산자(,) 뒤에 eval을 두는 것이다.

```
(0,eval)(src);
```

이런 요상한 모양의 함수 호출이 어떻게 동작할까? 숫자 리터럴 0은 평가되지만 그 값은 무시되고, 괄호로 감싸진 연속 표현식은 eval 함수를 만들어 낸다. 따라서 (0,eval)은 일반적인 eval 식별자와 거의 완전히 똑같이 동작한다. 전체적인 호출 표현식이 간접적인 eval로 처리되는 유일한 차이점을 제외하고 말이다.

직접적인 eval의 강력함은 쉽게 오용될 수 있다. 예를 들어, 네트워크를 통해 들어온 문자열을 평가하는 것은 내부의 스코프를 신뢰할 수 없는 코드에게 노출시킬 우려가 있다. 아이템 16에서는 동적으로 지역 변수를 생성하는 eval의 위험성에 대해 이야기할 것이다. 이런 위험은 직접적인 eval을 사용할 때에만 적용된다. 게다가, 직접적인 eval은 성능에 대단히 많은 영향을 준다. 보통, 직접적인 eval은 이를 포함한 함수와 프로그램의 가장 바깥에 위치한 함수까지 모든 함수를 상당히 느리게 만든다고 가정해야 한다.

경우에 따라 직접적인 eval을 사용해야 할 이유가 있을 수도 있다. 하지만 지역 스코프를 조사해야 하는 추가적인 능력이 확실히 필요할 경우에만 사용하고, 그렇지 않다면 비교적 오용되기 어렵고 비용이 적게 드는 간접적인 eval을 사용하라.

**기억할 점**

- eval을 무의미한 리터럴과 함께 연속 표현식으로 감싸서 간접적인 eval로 사용되도록 강제하라.

- 언제든지 가능하다면 직접적인 eval보다는 간접적인 eval을 사용하라.

# 3장

# 함수 사용하기

함수는 자바스크립트의 핵심이고, 프로그래머의 주요한 추상 기능이자 구현 메커니즘으로써 여러 가지 기능을 동시에 제공한다. 다른 언어에서는 프로시저, 메서드, 생성자뿐만 아니라 클래스, 모듈과 같은 여러 개의 구분된 기능들이 담당하는 것들을 자바스크립트에서는 함수 하나가 다 해낸다. 함수의 좋은 점들에 익숙해진다면 자바스크립트의 대부분을 마스터하는 것과 다름 없다. 한편으로는, 다양한 문맥에서 함수를 효과적으로 사용하는 방법을 익히는 데 시간이 조금 필요할 수도 있다.

# 함수, 메서드, 생성자 호출의 차이를 이해하라

객체 지향 프로그래밍에 익숙하다면 함수와 메서드, 클래스 생성자를 세 개의 구분된 요소로 생각하기 쉬울 것이다. 하지만 자바스크립트에서는 단지 하나의 생성자 function을 사용하는 세 가지 서로 다른 패턴일 뿐이다.

가장 간단한 사용 패턴은 함수 호출이다.

```
function hello(username) {
    return "hello, " + username;
}
hello("Keyser Soze"); // "hello, Keyser Soze"
```

이 예제는 보이는 그대로 동작한다. hello 함수를 호출하고 name 파라미터를 주어진 인자에 바인딩한다.

자바스크립트에서 메서드는 함수로 동작하는 객체의 프로퍼티일 뿐이다.

```
var obj = {
    hello: function() {
        return "hello, " + this.username;
    },
    username: "Hans Gruber"
};
obj.hello(); // "hello, Hans Gruber"
```

hello 함수가 obj의 프로퍼티에 접근하기 위해 this를 참조한 방법에 주목해 보자. hello 메서드가 obj에서 선언되었기 때문에 아마도 this가 obj로 바인딩된다고 가정할 것이다. 하지만 다음과 같이 또 다른 객체에서 같은 함수로의 참조를 복사하면 다른 결과를 얻게 될 것이다.

```
var obj2 = {
    hello: obj.hello,
    username: "Boo Radley"
};
obj2.hello(); // "hello, Boo Radley"
```

메서드 호출 시 실제로는 호출 표현식 스스로가 수신자 객체 this로의 바인딩을 결정한다.

obj.hello() 표현식은 obj의 hello 프로퍼티를 찾고, 수신자 객체 obj로 호출한다. obj2.hello() 표현식은 obj2의 hello 프로퍼티를 찾고 이는 obj.hello와 동일한 함수지만 수신자 객체는 obj2가 된다. 보통, 어떤 객체의 메서드를 호출하면, 메서드를 찾고, 해당 객체를 수신자 객체로 사용한다.

메서드는 특정 객체에서 호출되는 함수에 불과하기 때문에, 일반적인 함수도 this를 참조하지 못할 이유가 없다.

```
function hello() {
    return "hello, " + this.username;
}
```

이 방법은 여러 개의 객체에서 공유하는 함수를 미리 선언해 둘 때 유용하게 사용할 수 있다.

```
var obj1 = {
    hello: hello,
    username: "Gordon Gekko"
};
obj1.hello(); // "hello, Gordon Gekko"
var obj2 = {
    hello: hello,
    username: "Biff Tannen"
};
obj2.hello(); // "hello, Biff Tannen"
```

하지만 this를 사용하는 함수는, 메서드로써 호출할 때는 유용하지만 함수로써 호출하면 특별히 유용하지는 않다.

```
hello(); // "hello, undefined"
```

메서드가 아닌 함수를 호출하면 전역 객체가 그 수신자가 되고, 이 경우 username 프로퍼티가 없어서 undefined 값을 만들어 내므로 오히려 해가 된다. 메서드가 this에 의존한다면 메서드를 함수로써 호출하는 것이 별로 도움이 되지 못한다. 왜냐하면 전역 객체가 호출된 객체의 메서드를 가지고 있을 거라고 간주할 이유가 없기 때문이다. 사실, 전역 객체로 바인딩하는 것은 기본적으로 문제의 소지가 있기 때문에, ES5의 스트릭트 모드에서는 this의 기본 바인딩이 undefined로 변경되었다.

```
function hello() {
    "use strict";
    return "hello, " + this.username;
}

hello(); // 오류: 정의되지 않은 "username" 프로퍼티를 읽을 수 없음
```

정의되지 않은 프로퍼티에 접근을 시도하면 즉시 오류를 발생하기 때문에, 이 같은 방식은 메서드를 평범한 함수로 잘못 사용한 실수를 더 신속하게 잡아낼 수 있게 도와준다.

셋째로 함수를 생성자로써 사용할 수 있다. 메서드와 일반 함수처럼 생성자 또한 function으로 정의한다.

```
function User(name, passwordHash) {
    this.name = name;
    this.passwordHash = passwordHash;
}
```

다음과 같이 new 연산자로 User를 실행하면 생성자처럼 처리된다.

```
var u = new User("sfalken",
                 "0ef33ae791068ec64b502d6cb0191387");
u.name; // "sfalken"
```

함수나 메서드 호출과 다르게, 생성자 호출은 this의 값으로 새로운 객체를 전달하고, 암묵적으로 이 객체를 결과로 반환한다. 생성자 함수의 주요한 역할은 객체를 초기화하는 것이다.

**기억할 점**

- 메서드 호출은 메서드 프로퍼티를 찾을 객체, 즉 해당 호출을 받는 수신자 객체를 제공한다.
- 함수 호출은 전역 객체(스트릭트 모드 함수에서는 undefined)를 수신자 객체로 규정한다. 메서드를 함수처럼 호출하는 문법은 별로 유용하지 않다.
- 생성자는 new로 호출하고, 새로운 객체를 수신자로 받게 된다.

아이템 19

# 고차 함수에 익숙해져라

한때 함수형 프로그래밍의 특별한 기능처럼 사용되었던 고차(Higher-Order) 함수는, 고급 프로그래밍 기법을 뜻하는 심오한 용어처럼 보인다. 하지만 이는 진실이 아니다. 함수의 간결하고 우아한 기법을 활용하게 되면 코드가 더 간단하고 명료해진다. 몇 년 동안, 스크립트 언어들은 이런 기법들을 받아들여 왔고, 그 과정 중에 함수형 언어의 최고 코딩 관례 중 일부를 채용했다.

고차 함수는 다른 함수를 인자로 받거나 그 결과로 함수를 반환하는 함수다. 인자로 받는 함수(흔히 콜백 함수로 불리는데, 고차 함수로 인해 되불려지기(called back) 때문이다)는 특히 강력하고 표현력 높으며 자바스크립트에서 자주 쓰이는 코딩 관례다.

배열의 표준 정렬 메서드 sort를 생각해 보자. 모든 배열에서 동작할 수 있도록, sort 메서드는 호출자에 의존하여 배열 안의 두 요소를 어떻게 비교할지 결정한다.

```javascript
function compareNumbers(x, y) {
    if (x < y) {
        return -1;
    }
    if (x > y) {
        return 1;
    }
    return 0;
}
[3, 1, 4, 1, 5, 9].sort(compareNumbers); // [1, 1, 3, 4, 5, 9]
```

표준 라이브러리는 호출자로부터 비교 메서드를 가지는 객체를 전달받기를 요구하지만, 하나의 메서드만 필요하기 때문에 함수를 직접 받는 것이 더 간단하고 간결하다. 사실, 이 예제는 익명 함수를 통해 더 간단하게 만들 수 있다.

```
[3, 1, 4, 1, 5, 9].sort(function(x, y) {
    if (x < y) {
        return -1;
    }
    if (x > y) {
        return 1;
    }
    return 0;
}); // [1, 1, 3, 4, 5, 9]
```

고차 함수의 사용법을 익혀 두면 지루한 상용문을 제거하고 코드를 간단하게 만들 수 있다. 배열의 여러 일반적인 연산들은 멋진 고차 함수 추상을 가지는데, 이에 익숙해지면 좋다. 문자열로 된 배열을 변환하는 간단한 동작에 대해 생각해 보자. 일반적인 반복문으로 작성한 코드는 다음과 같다.

```
var names = ["Fred", "Wilma", "Pebbles"];
var upper = [];
for (var i = 0, n = names.length; i < n; i++) {
    upper[i] = names[i].toUpperCase();
}
upper; // ["FRED", "WILMA", "PEBBLES"]
```

(ES5에서 소개된) 배열의 간단한 map 메서드를 이용하면, 반복문의 세부 사항을 완전히 제거할 수 있고, 각 요소의 변환을 지역 함수 내에 구현하기만 하면 된다.

```
var names = ["Fred", "Wilma", "Pebbles"];
var upper = names.map(function(name) {
    return name.toUpperCase();
});
upper; // ["FRED", "WILMA", "PEBBLES"]
```

고차 함수의 사용에 익숙해지고 나면, 직접 작성할 기회도 생길 것이다. 비슷하거나 중복된 코드를 자주 보게 된다면 이는 숨길 수 없는 고차 함수 추상의 신호다. 예를 들어, 알파벳 문자로 문자열을 만드는 프로그램의 일부를 찾았다고 가정해 보자.

```
var aIndex = "a".charCodeAt(0); // 97
var alphabet = "";
for (var i = 0; i < 26; i++) {
    alphabet += String.fromCharCode(aIndex + i);
}
```

```
alphabet; // "abcdefghijklmnopqrstuvwxyz"
```

반면, 프로그램의 다른 부분에서는 다음과 같이 숫자 값을 포함하는 문자열을 생성한다고 가정하자.

```
var digits = "";
for (var i = 0; i < 10; i++) {
    digits += i;
}
digits; // "0123456789"
```

또 다른 부분에서는, 임의의 글자로 문자열을 만든다.

```
var random = "";
for (var i = 0; i < 8; i++) {
    random += String.fromCharCode(Math.floor(Math.random() * 26)
                                  + aIndex);
}
random; // "bdwvfrtp" (매번 다른 결과를 반환함)
```

각 예제는 서로 다른 문자열을 생성하지만, 모두 공통의 로직을 공유한다. 모든 반복문은 각각의 개별적인 부분을 생성하기 위해 어떤 계산을 하고, 그 결과를 합쳐 문자열을 생성한다. 공통 부분을 추출하고 하나의 유틸리티 함수로 옮기면 다음과 같은 코드를 만들 수 있다.

```
function buildString(n, callback) {
    var result = "";
    for (var i = 0; i < n; i++) {
        result += callback(i);
    }
    return result;
}
```

buildString 구현이 반복문들의 공통 부분을 어떻게 포함시켰는지를 주목하여 살펴보자. 공통 부분은 다양한 파라미터를 사용한다. 반복문을 순회하는 횟수는 변수 n이 되고, 문자열을 생성하는 부분은 callback 함수를 호출하게 되었다. 이제 buildString을 이용하면 이전의 세 예제를 다음과 같이 간단하게 구현할 수 있다.

```
var alphabet = buildString(26, function(i) {
    return String.fromCharCode(aIndex + i);
```

```
});
alphabet; // "abcdefghijklmnopqrstuvwxyz"
var digits = buildString(10, function(i) { return i; });
digits; // "0123456789"
var random = buildString(8, function() {
    return String.fromCharCode(Math.floor(Math.random() * 26)
                                 + aIndex);
});
random; // "ltvisfjr" (매번 다른 결과를 반환함)
```

고차 함수 추상을 생성하는 방식에는 장점이 많다. 구현시 반복문 경계 부분의 상태를 올바르게 지정하기가 어려운 부분이 있다면, 고차 함수로 구현하면 지역화된다. 고차 함수를 사용하면, 로직 내의 어떤 버그를 수정할 때 프로그램 전체에 퍼져 있는 코딩 패턴의 모든 사례를 고치는 대신, 단 한 번만 수정하면 된다. 또한 연산의 효율성을 최적화할 필요가 있다고 판단될 때도 역시 한군데만 수정하면 모든 처리가 가능하다. 마지막으로 추상에 buildString 같은 명백한 이름을 지정해주면 코드를 읽는 사람이 구현의 세부 사항을 해석할 필요 없이 코드가 어떤 동작을 하는지 쉽게 이해할 수 있다.

고차 함수의 사용법을 익히고 나면 동일한 패턴을 반복적으로 작성하여 더 간결한 코드를 만들게 되고, 더 높은 생산성을 얻게 되며, 가독성 또한 개선하게 된다. 항상 공통 패턴을 눈여겨 보고 고차 유틸리티 함수로 옮기는 개발 습관이 매우 중요하다.

**기억할 점**

- 고차 함수는 다른 함수를 인자로 받거나 그 결과로 함수를 반환하는 함수다.
- 이미 존재하는 라이브러리에 포함된 고차 함수의 사용에 익숙해져라.
- 고차 함수로 대체할 수 있는 공통 코딩 패턴을 찾는 방법을 익혀라.

**아이템 20**

# 지정된 수신자 객체로 함수를 호출하기 위해 call 메서드를 사용하라

보통, 함수나 메서드의 수신자 객체(즉, 특수 키워드 this에 바인딩되는 값)는 이를 호출하는 호출자의 문법에 의해 결정된다. 특히, 메서드 호출 문법은 this를 찾기 위한 객체를 바인딩한다. 하지만 간혹 수신자 객체의 프로퍼티는 아니지만 수신자 객체를 특정 객체로 지정해 함수를 호출할 필요가 있을 수도 있다. 물론 다음과 같이 그 메서드를 해당 객체에 새로운 프로퍼티로써 추가할 수도 있다.

```
obj.temporary = f; // obj.temporary가 이미 존재한다면 어떻게 될까?
var result = obj.temporary(arg1, arg2, arg3);
delete obj.temporary; // obj.temporary가 이미 존재한다면 어떻게 될까?
```

하지만 이런 접근 방법은 그다지 좋지 않다. 어쩌면 위험할 수도 있다. obj를 수정하는 것은 바람직하지 않으며 때로는 불가능할 때도 있다. 특히 임시 프로퍼티로 어떤 이름을 지정하든, obj에 이미 존재하는 프로퍼티와 충돌할 위험을 감수해야 하며, 게다가 어떤 고정되거나 감춰진 객체는 새로운 프로퍼티의 추가를 금지하기도 한다. 일반적으로, 프로퍼티를 객체에 임의적으로 추가하는 것은 나쁜 사례이며, 특히 직접 생성하지 않은 객체라면 더욱 그렇다(아이템 42 참고).

다행히도 함수는 call이라는 내장 메서드를 제공하는데, 이를 통해 수신자 객체를 지정할 수 있다. call 메서드를 통해 함수를 호출해 보자.

```
f.call(obj, arg1, arg2, arg3);
```

첫 번째 인자로 명시적인 수신자 객체를 전달하는 것을 제외하고는 함수를 직접 호출하는 것과 비슷하게 동작한다.

```
f(arg1, arg2, arg3);
```

call 메서드는 삭제되었거나, 수정되었거나, 오버라이딩된 메서드를 호출하는 데 도움이 된다. 아이템 45에서는 hasOwnProperty 메서드를 임의의 객체에서 호출하는 유용한 예제를 볼 수 있다. 이는 딕셔너리 객체에서도 가능한데, 딕셔너리 객체에서 hasOwnProperty에 접근하면 상속된 메서드가 아니라 딕셔너리 객체 내의 항목을 반환한다.

```
dict.hasOwnProperty = 1;
dict.hasOwnProperty("foo"); // 오류 : 1은 함수가 아님
```

hasOwnProperty 메서드의 call 메서드를 사용하면, 해당 딕셔너리 객체 내에 저장되어 있지 않은 메서드라도 호출할 수 있다.

```
var hasOwnProperty = {}.hasOwnProperty;
dict.foo = 1;
delete dict.hasOwnProperty;
hasOwnProperty.call(dict, "foo"); // true
hasOwnProperty.call(dict, "hasOwnProperty"); // false
```

call 메서드는 고차 함수를 정의하는 데에도 유용하다. 고차 함수를 위한 일반적인 코딩 관례 중 함수를 호출하기 위한 수신자 객체를 부가적인 인자로 받는 방법이 있다. 예를 들어, 키-값 바인딩의 테이블을 표현하는 객체는 다음과 같은 forEach 메서드를 제공할 수 있다.

```
var table = {
    entries: [],
    addEntry: function(key, value) {
        this.entries.push({ key: key, value: value });
    },
    forEach: function(f, thisArg) {
        var entries = this.entries;
        for (var i = 0, n = entries.length; i < n; i++) {
            var entry = entries[i];
            f.call(thisArg, entry.key, entry.value, i);
        }
    }
};
```

이 코드는 객체를 사용하는 사람이 table.forEach의 콜백 함수 f로 메서드를 사용할 수 있도록, 메서드를 위한 수신자 객체를 받을 수 있게 해 준다. 이를 이

용해, 다음 예제와 같이 한 테이블의 내용을 다른 테이블로 간편하게 복사할 수 있다.

```
table1.forEach(table2.addEntry, table2);
```

이 코드는 table2의 addEntry 메서드를 추출하고(Table.prototype이나 table1로부터 추출할 수도 있다), forEach 메서드는 table2를 수신자 객체로 하여 addEntry를 반복적으로 호출한다. addEntry가 두 개의 인자만 받는다는 점에 주목하라. forEach는 이를 key, value, index로 호출한다. 부가적인 index 인자는 아무런 해를 끼치지 않는다. addEntry가 간단하게 이를 무시하기 때문이다.

### 기억할 점

- 수신자 객체로 함수를 호출하기 위해 call 메서드를 사용하라.
- 주어진 객체에 존재하지 않을지도 모르는 메서드를 호출하기 위해 call 메서드를 사용하라.
- 콜백을 위한 수신자 객체를 함께 받는 고차 함수를 정의하기 위해 call 메서드를 사용하라.

아이템 21

# 다른 개수의 인자로 함수를 호출하기 위해 apply를 사용하라

몇 개인지 모르는 숫자 값의 평균을 계산하는 average 함수가 있다고 가정해 보자.

```
average(1, 2, 3); // 2
average(1); // 1
average(3, 1, 4, 1, 5, 9, 2, 6, 5); // 4
average(2, 7, 1, 8, 2, 8, 1, 8); // 4.625
```

average 함수는 가변 인수(variadic)나 가변 인자(variable-arity)라고 부르는 함수의 예제 중 하나다. (함수에서 arity란 그 함수가 받을 인자의 개수를 뜻한다.) 이 함수는 인자의 개수에 제한이 없다. 반면, 고정된 인자수를 받는 average 함수는 아마도 다음과 같이 배열 값을 하나의 인자로 받을 것이다.

```
averageOfArray([1, 2, 3]); // 2
averageOfArray([1]); // 1
averageOfArray([3, 1, 4, 1, 5, 9, 2, 6, 5]); // 4
averageOfArray([2, 7, 1, 8, 2, 8, 1, 8]); // 4.625
```

더 간결하고 세련된 표현은 틀림없이 가변 인자 함수다. 이전 예제에서처럼, 최소한 호출자가 몇 개의 인자를 전달해야 하는지 사전에 정확히 알고 있다면 가변 인자 함수의 문법이 더 편리하다. 하지만 다음과 같은 배열 값 scores를 가지고 있다고 상상해 보자.

```
var scores = getAllScores();
```

배열 값의 평균을 계산하기 위해 어떻게 average 가변 인자 함수를 사용할 수 있을까?

```
average(/* ? */);
```

다행히도, 함수에는 call 메서드와 비슷한 내장 apply 메서드가 존재하는데, 바로 이런 목적에 사용하도록 설계되었다. apply 메서드는 인자의 배열을 받아 그 배열의 각 요소가 개별 인자인 것처럼 함수를 호출한다. 인자의 배열 뿐만 아니라, apply 메서드는 첫 번째 인자로 함수가 호출될 this의 바인딩을 명시할 수 있다. average 함수는 this를 참조하지 않기 때문에 다음과 같이 간단하게 null을 전달할 수 있다.

```
var scores = getAllScores();
average.apply(null, scores);
```

scores가 세 개의 요소를 가진다고 가정하면, 다음 코드처럼 동작할 것이다.

```
average(scores[0], scores[1], scores[2]);
```

apply 메서드는 가변 인자 메서드에도 사용할 수 있다. 예를 들어, buffer 객체는 내부의 state에 항목을 추가하기 위한 가변 인자 append 메서드를 포함할 수 있다. (append의 구현을 이해하기 위해서는 아이템 22를 참고하라.)

```
var buffer = {
    state: [],
    append: function() {
        for (var i = 0, n = arguments.length; i < n; i++) {
            this.state.push(arguments[i]);
        }
    }
};
```

append 메서드는 인자의 개수에 상관없이 호출할 수 있다.

```
buffer.append("Hello, ");
buffer.append(firstName, " ", lastName, "!");
buffer.append(newline);
```

apply에 this 인자를 전달해서, append를 계산된 배열 값으로 호출할 수도 있다.

```
buffer.append.apply(buffer, getInputStrings());
```

buffer 인자에 주목하라. 이 인자는 매우 중요하다. 만약 다른 객체를 전달했다면, append 메서드는 잘못된 객체의 state 프로퍼티를 수정하려 했을 것이다.

**기억할 점**

- 계산된 배열 인자로 가변 인자 함수를 호출하기 위해 apply 메서드를 사용하라.
- apply의 첫 번째 인자로 가변 인자 메서드를 위한 수신자 객체를 전달하라.

# 가변 인자 함수를 생성하기 위해 arguments를 사용하라

아이템 21에서는 임의 숫자의 변수를 처리해 평균 값을 구하는 가변 인자 average 함수에 대해서 설명하였다. 가변 인자 함수를 직접 구현하려면 어떻게 해야 할까? 고정 인자 버전의 averageOfArray는 매우 쉽게 구현할 수 있다.

```javascript
function averageOfArray(a) {
    for (var i = 0, sum = 0, n = a.length; i < n; i++) {
        sum += a[i];
    }
    return sum / n;
}
averageOfArray([2, 7, 1, 8, 2, 8, 1, 8]); // 4.625
```

averageOfArray의 정의는 하나의 공식 파라미터 a를 정의한다. 사용자가 averageOfArray를 호출할 때 배열 값으로 한 개의 인자(때로는 공식 파라미터와 명백하게 구분하기 위해서 실제 인자라고 부르기도 한다)를 전달한다.

가변 인자 버전도 거의 동일하지만, 어떠한 명시적인 공식 파라미터도 정의하지 않는다. 대신에, 자바스크립트가 모든 함수에 arguments라는 암묵적인 지역 변수를 전달한다는 사실을 이용한다. arguments 객체는 실제 인자의 배열과 비슷한 인터페이스를 제공한다. 각각의 실제 인자에 인덱싱된 프로퍼티를 포함하며, length 프로퍼티는 몇 개의 인자가 전달되었는지 나타낸다. 이를 이용하면 arguments 객체의 각 요소를 순회하여 가변 인자 average 함수를 표현할 수 있다.

```javascript
function average() {
    for (var i = 0, sum = 0, n = arguments.length;
        i < n;
        i++) {
        sum += arguments[i];
    }
```

```
    return sum / n;
}
```

가변 인자 함수는 서로 다른 클라이언트가 다른 숫자의 인자로 함수를 호출할 수 있기 때문에 유연한 인터페이스에 도움이 된다. 하지만 그 스스로는 약간의 편리함을 희생해야 한다. 가변 인자 함수를 arguments의 계산된 배열로 호출하고 싶다면, 아이템 21에서 설명한 apply 메서드를 사용해야만 한다. 편리함을 위해 가변 인자 함수를 제공한다면, 명시적인 배열도 받을 수 있도록 항상 고정 인자 버전을 함께 제공하는 것이 가장 좋은 방법이다. 일반적으로 가변 인자 함수를 고정 인자 버전에 위임하기 위한 간단한 래퍼로 구현하면 되기 때문에 어렵지 않다.

```
function average() {
    return averageOfArray(arguments);
}
```

이 방법을 사용하면, 함수를 사용하는 사람이 apply 메서드에 의존할 필요가 없다. apply 메서드를 사용하면 가독성이 나빠지고 간혹 성능도 떨어지는 문제를 수반하게 된다.

**기억할 점**

- 가변 인자 함수를 구현하기 위해 암묵적인 arguments 객체를 사용하라.
- 사용자가 apply 메서드를 사용할 필요가 없도록 고정 인자 버전의 가변 인자 함수를 추가로 제공하는 것을 고려하라.

# 절대 arguments 객체를 수정하지 마라

arguments 객체가 배열과 비슷하게 보일지도 모르겠지만, 아쉽게도 항상 배열처럼 동작하지는 않는다. 펄이나 유닉스 셸 스크립트에 익숙한 프로그래머라면 arguments 배열의 시작 요소를 시프트(shift)하는 기술에 익숙할 것이다. 그리고 자바스크립트의 배열에도 shift 메서드가 존재한다. 이 메서드는 배열의 첫 번째 요소를 제거하고 뒤이은 모든 요소들을 하나씩 이동시킨다. 하지만 arguments 객체는 표준 Array 타입의 인스턴스가 아니기 때문에 arguments. shift()를 직접 호출할 수 없다.

call 메서드 덕분에, 배열에서 shift 메서드를 추출해 arguments 객체에 호출할 수 있다고 기대할지도 모르겠다. 객체와 메서드 이름을 인자로 받아 나머지 인자들에 해당 객체의 메서드를 호출하는 callMethod 같은 함수를 다음과 같이 구현하는 방법이 일리 있어 보일 수도 있다.

```
function callMethod(obj, method) {
    var shift = [].shift;
    shift.call(arguments);
    shift.call(arguments);
    return obj[method].apply(obj, arguments);
}
```

하지만 이 함수는 예상대로 동작하지 않는다.

```
var obj = {
    add: function(x, y) { return x + y; }
};
callMethod(obj, "add", 17, 25);
// 오류: 정의되지 않은 "apply" 프로퍼티를 읽을 수 없음
```

이 함수에서 오류가 발생하는 이유는 arguments 객체가 함수의 arguments

의 복사물이 아니기 때문이다. 특히, 이름이 지정된 모든 인자는 arguments 객체 내에 그에 상응하는 인덱스들의 별명이 된다. 따라서 arguments 객체에서 shift 메서드를 통해 요소를 삭제한 후에도, obj는 여전히 arguments[0]의 별명이고, method는 여전히 arguments[1]의 별명이다. 즉 obj["add"]를 가져오려 할 때, 실제론 17[25]를 가져오게 된다는 뜻이다! 이 시점에서, 모든 일이 걷잡을 수 없게 된다. 자바스크립트의 자동 강제 형변환 규칙 때문에, 17은 Number 객체가 되고, 그 자신의 "25" 프로퍼티를 추출하여, undefind 값을 반환하고, 메서드로 호출하기 위해 undefined에서 "apply" 프로퍼티를 추출하려는 시도는 실패하게 된다.

이 이야기의 교훈은 함수의 arguments 객체와, 이름이 지정된 파라미터 사이의 관계가 극도로 불안정하다는 것이다. arguments를 수정하면, 이름이 지정된 파라미터의 값이 달라지는 위험을 감수해야 한다. 이 상황은 ES5 스트릭트 모드에서는 더 복잡해진다. 스트릭트 모드에서 함수 파라미터는 자신의 arguments 객체를 별명으로 삼지 않는다. arguments의 요소를 변경하는 함수를 작성해 보면 이 차이점을 알 수 있다.

```
function strict(x) {
    "use strict";
    arguments[0] = "modified";
    return x === arguments[0];
}
function nonstrict(x) {
    arguments[0] = "modified";
    return x === arguments[0];
}
strict("unmodified"); // false
nonstrict("unmodified"); // true
```

결과적으로, arguments 객체를 절대로 수정하지 않는 편이 훨씬 안전하다. 처음에 arguments 객체의 요소들을 진짜 배열로 복사하면 이런 위험을 쉽게 회피할 수 있다. arguments 복사를 구현하기 위한 간단한 코딩 관례는 다음과 같다.

```
var args = [].slice.call(arguments);
```

배열의 slice 메서드는 추가적인 인자 없이 호출하면 배열의 복사본을 만들고, 그 결과로 진짜 표준 Array 타입의 인스턴스를 반환한다. 이 인스턴스는 어떠한 값으로의 별명도 아니며, 모든 일반적인 Array의 메서드들을 직접 사용할 수 있다.

이전의 callMethod 구현을 수정하려면 다음과 같이 arguments를 복사하고, 시작 인덱스를 2로 하는 slice를 호출하면 된다. obj와 method 이후에 오는 요소들만 필요하기 때문이다.

```javascript
function callMethod(obj, method) {
    var args = [].slice.call(arguments, 2);
    return obj[method].apply(obj, args);
}
```

마침내 callMethod는 기대한대로 동작한다.

```javascript
var obj = {
    add: function(x, y) { return x + y; }
};
callMethod(obj, "add", 17, 25); // 42
```

### 기억할 점

- arguments 객체를 절대로 수정하지 마라.
- arguments 객체를 수정하기 전에 [].slice.call(arguments)를 호출해 진짜 배열로 복사하라.

# 변수를 사용해 arguments의 참조를 저장하라

이터레이터(iterator)는 데이터의 모음에 연속적으로 접근할 수 있는 방법을 제 공하는 객체다. 일반적인 API는 시퀀스 내의 다음 값을 가져오는 next 메서드를 제공한다. 임의 숫자의 인자를 받고 그 값으로 이터레이터를 만드는 편리한 함 수를 만들고 싶다고 가정해 보자.

```
var it = values(1, 4, 1, 4, 2, 1, 3, 5, 6);
it.next(); // 1
it.next(); // 4
it.next(); // 1
```

values 함수는 인자가 몇 개인지 관계 없이 모두 받아들일 수 있어야 하므로, arguments 객체의 요소들을 열거하기 위해 다음과 같은 이터레이터 객체를 만 들 것이다.

```
function values() {
    var i = 0, n = arguments.length;
    return {
        hasNext: function() {
            return i < n;
        },
        next: function() {
            if (i >= n) {
                throw new Error("end of iteration");
            }
            return arguments[i++]; // 잘못된 arguments
        }
    };
}
```

이터레이터 객체를 사용하려고 하자마자 잘못된 코드임을 알게 된다.

```
var it = values(1, 4, 1, 4, 2, 1, 3, 5, 6);
it.next(); // undefined
```

```
it.next(); // undefined
it.next(); // undefined
```

각 함수의 본문에 새로운 arguments 변수가 암묵적으로 바인딩된 것이 문제다. 우리의 관심사인 arguments 객체는 values 함수와 연관되어 있지만, 이터레이터의 next 메서드는 자신의 arguments 변수를 포함한다. 따라서 arguments[i++]를 반환할 때, values의 arguments 중 하나에 접근하는 대신에 it.next의 인자에 접근하게 된다.

해결 방법은 간단하다. 단지, 관심 있는 arguments 객체의 스코프 내에 새로운 지역 변수를 만들어 arguments를 바인딩하면 된다. 그리고 감싸인 함수가 명시적으로 이름 지은 변수를 참조하고 있는지만 확실히 하면 된다.

```
function values() {
    var i = 0, n = arguments.length, a = arguments;
    return {
        hasNext: function() {
            return i < n;
        },
        next: function() {
            if (i >= n) {
                throw new Error("end of iteration");
            }
            return a[i++];
        }
    };
}
var it = values(1, 4, 1, 4, 2, 1, 3, 5, 6);
it.next(); // 1
it.next(); // 4
it.next(); // 1
```

**기억할 점**

- arguments를 참조할 때 함수의 포함 관계에 주의하라.
- 다른 함수 안에 포함된 감싸인 함수에서 arguments를 참조하려면, 명시적으로 스코프가 정해진 arguments의 참조를 바인딩하라.

아이템 25

# 고정된 수신자 객체로 메서드를 추출하기 위해 bind를 사용하라

메서드와 프로퍼티의 값이 함수로 동일하다면 서로 구별할 수 있는 방법이 없어서, 객체로부터 메서드를 추출하고 그 함수를 고차 함수의 콜백으로 직접 전달하기가 쉽다. 하지만 추출한 함수의 수신자 객체가, 이를 받아들인 객체로 바인딩되지 않는다는 점을 쉽게 잊기도 한다. 나중에 결합될 문자열을 배열 안에 저장하는 조그마한 문자열 버퍼 객체 buffer를 만든다고 가정해 보자.

```
var buffer = {
    entries: [],
    add: function(s) {
        this.entries.push(s);
    },
    concat: function() {
        return this.entries.join("");
    }
};
```

다음과 같이 add 메서드를 추출하고 ES5의 forEach 메서드를 사용하면, 적용할 대상 배열의 각 요소에 대해 반복 호출하여 문자열로 된 배열을 buffer로 복사할 수 있다고 여길지도 모르겠다.

```
var source = ["867", "-", "5309"];
source.forEach(buffer.add); // 오류: entries가 정의되지 않음
```

하지만 buffer.add의 수신자 객체는 buffer가 아니다. 함수의 수신자 객체는 이 함수가 어떻게 호출되는지에 의해 결정되며, 여기서는 buffer.add가 호출되지 않았다. 대신에 buffer.add를 forEach로 전달했고, 우리가 볼 수 없는 어딘가에서 이 함수를 호출하도록 구현되어 있다. 알다시피, forEach의 구현은 전역 객체를 디폴트 수신자 객체로 사용한다. 전역 객체는 entries 프로퍼티를 가지

고 있지 않기 때문에, 이 코드는 에러를 발생시킨다. 운 좋게도, forEach는 부가적인 인자를 받아 콜백의 수신자 객체로 사용할 수 있으므로, 이 예제를 다음과 같이 쉽게 고칠 수 있다.

```
var source = ["867", "-", "5309"];
source.forEach(buffer.add, buffer);
buffer.join(); // "867-5309"
```

모든 고차 함수가 그 콜백을 위한 수신자 객체를 변경하는 방법을 제공해주지는 않는다. forEach가 추가적인 수신자 객체 인자를 허용하지 않는다면 어떻게 해야 할까? 지역 함수를 만들고 buffer.add를 호출하여 적절한 메서드 호출 문법이 적용되도록 하는 것이 좋은 방법이다.

```
var source = ["867", "-", "5309"];
source.forEach(function(s) {
    buffer.add(s);
});
buffer.join(); // "867-5309"
```

이 버전은 buffer의 메서드이자 add를 호출하는 래퍼 함수를 명시적으로 생성한다. 래퍼 함수가 함수로써 호출되든지, 어떤 다른 객체의 메서드로 호출되든지, 혹은 call 메서드로 호출되든지 상관 없이 래퍼 함수 자신이 this를 전혀 참조하지 않는다는 점에 주목하라. 항상 자신의 인자를 목적 배열에 확실하게 추가한다.

특정한 객체로 수신자 객체를 바인딩하는 버전의 함수를 만드는 것이 일반적이기 때문에, ES5에서는 이 패턴을 지원하기 위한 라이브러리를 추가하였다. Function 객체가 제공하는 bind 메서드를 사용하면, 수신자 객체를 받아들이고 원본 함수를 수신자 객체의 메서드로써 호출하는 래퍼 함수를 만들 수 있다. bind 메서드를 사용하면 이전 예제를 더 간단하게 만들 수 있다.

```
var source = ["867", "-", "5309"];
source.forEach(buffer.add.bind(buffer));
buffer.join(); // "867-5309"
```

buffer.add.bind(buffer)는 buffer.add 함수를 수정하지 않고 새로운 함수를

만든다는 점을 기억하라. 새로운 함수는 이전의 함수와 거의 동일하게 동작하지만 이전 함수와 달리 수신자 객체가 buffer로 바인딩되었다. 다시 말해서 다음 값은 false다.

```
buffer.add === buffer.add.bind(buffer); // false
```

이 예제의 결과는 이상하지만 매우 중요하다. bind 메서드가 프로그램의 다른 부분에서 공유된 함수를 호출하는 데에도 안전하다는 뜻이다. 프로토타입 객체에 공유된 메서드에 특히 중요한데, 프로토타입의 자손들 중 어떤 메서드에 bind를 호출하더라도 그 메서드는 여전히 제대로 동작할 것이다. (객체와 프로토타입에 대해서는 4장에서 더 다룰 것이다.)

### 기억할 점

- 메서드 추출이 메서드의 수신자 객체를 해당 객체로 바인딩하지 않는다는 사실에 유의하라.
- 객체의 메서드를 고차 함수로 전달할 때, 익명 함수를 사용해서 적절한 수신자 객체의 메서드로 호출될 수 있게 하라.
- 적절한 수신자 객체로 바인딩되는 함수를 간단하게 만들기 위해 bind 메서드를 사용하라.

# 커링 함수에 bind를 사용하라

함수의 bind 메서드는 메서드를 수신자 객체로 바인딩하는 것 이상으로 유용하다. 요소들로부터 URL 문자열을 만들어 내는 다음과 같은 간단한 함수가 있다고 가정해 보자.

```javascript
function simpleURL(protocol, domain, path) {
    return protocol + "://" + domain + "/" + path;
}
```

종종, 구체적인 사이트의 경로 문자열을 이용해 절대적인 URL 값을 생성할 필요가 있을 것이다. 일반적으로 ES5 배열의 map 메서드를 사용해 다음과 같이 구현할 수 있다.

```javascript
var urls = paths.map(function(path) {
    return simpleURL("http", siteDomain, path);
});
```

map의 각 반복에서 익명 함수가 동일한 프로토콜 문자열 "http"와 사이트 도메인 문자열 siteDomain을 어떻게 사용했는지 눈여겨 보라. simpleURL의 처음 두 인자는 매 반복마다 고정되어 있고, 실제로는 세 번째 인자만 필요하다. simpleURL에 bind 메서드를 이용해 이런 함수를 자동으로 생성할 수 있다.

```javascript
var urls = paths.map(simpleURL.bind(null, "http", siteDomain));
```

simpleURL.bind를 호출하면 simpleURL에 위임하는 새로운 함수를 만들 수 있다. 항상, 첫 번째 인자는 수신자 객체 값을 바인딩하기 위해 전달한다. (simpleURL이 this를 참조하지 않기 때문에 어떤 값을 사용해도 상관없다. 관습적으로 null과 undefined를 사용한다.) simpleURL로 전달된 인자는 simpleURL.bind의 나머지 인자와 새로운 함수에 제공된 어떤 인자가 결합되어 만들어진다. 다시 말해서, simpleURL.bind의 결과 함수에 하나의 인자 path를 전달하여 호출하면, 함수는 simpleURL("http", siteDomain, path)로 위임하게 된다.

함수를 그 인자의 부분집합으로 바인딩하는 기법은 논리학자 하스켈 커리 (Haskel Curry)의 이름을 따 커링(curring)이라고 한다. 그는 수학에서 이 기법을 유명하게 만들었다. 커링은 명시적인 래퍼 함수보다 상용구가 덜 필요하기 때문에 함수 위임을 구현하기 위한 간단명료한 방법이다.

### 기억할 점

- 함수를 커링하기 위해 bind를 사용하라. bind를 사용하면 필요한 인자의 고정된 부분집합을 가지는 위임 함수를 만들 수 있다.
- 수신자 객체를 무시하는 함수를 커링할 때에는 수신자 객체 인자로 null이나 undefined를 전달하라.

# 코드를 캡슐화하기 위해
# 문자열보다 클로저를 사용하라

함수는 나중에 실행될 수 있는 데이터 구조로 코드를 저장하기 위한 편리한 방법이다. 함수는 map과 forEach 같은 표현력 높은 고차 함수의 추상을 가능하게 하고, 또한 자바스크립트의 비동기적인 I/O 접근 방법의 핵심이기도 하다(7장 참고). 동시에, 코드를 eval로 전달할 문자열로써 표현하는 것도 가능하다. 결국 프로그래머는 결정을 내려야하는 상황에 마주하게 된다. 코드를 함수로 표현해야 할까? 문자열로 표현해야 할까?

의심이 든다면, 함수를 사용하라. 문자열은 코드의 표현에 매우 중요한 한 가지 이유 때문에 유연성이 훨씬 떨어지는데, 바로 클로저가 아니라는 점이다.

다음과 같이 사용자가 제공한 동작을 여러 번 반복하는 간단한 함수에 대해 생각해 보자.

```
function repeat(n, action) {
    for (var i = 0; i < n; i++) {
        eval(action);
    }
}
```

전역 스코프에서 이 함수를 사용하면 비교적 잘 동작하는데, 문자열 안에서 실행되는 모든 변수 참조는 eval에 의해 전역 변수로 해석되기 때문이다. 예를 들어, 함수의 속도를 벤치마크하는 스크립트는 타이밍을 저장하기 위해 전역적인 start와 end 변수를 사용할 가능성이 높다.

```
var start = [], end = [], timings = [];
repeat(1000,
    "start.push(Date.now()); f(); end.push(Date.now())");
for (var i = 0, n = start.length; i < n; i++) {
    timings[i] = end[i] - start[i];
}
```

하지만 이 스크립트는 불안정하다. 코드를 함수 안으로 이동하면 start와 end 는 더 이상 전역 변수가 아니다.

```
function benchmark() {
    var start = [], end = [], timings = [];
    repeat(1000,
        "start.push(Date.now()); f(); end.push(Date.now())");
    for (var i = 0, n = start.length; i < n; i++) {
        timings[i] = end[i] - start[i];
    }
    return timings;
}
```

이 함수는 repeat를 실행하여 전역 변수 start와 end의 참조를 평가한다. 최선 의 경우, benchmark를 호출하면 전역 변수 중 하나가 없어서, ReferenceError 가 발생할 것이다. 최악의 경우, 코드가 우연히 start와 end로 바인딩된 어떤 전 역 변수에 실제로 push를 실행하여, 프로그램은 예측할 수 없게 동작할 것이다.

더 견고한 API는 다음과 같이 문자열 대신에 함수를 받아들인다.

```
function repeat(n, action) {
    for (var i = 0; i < n; i++) {
        action();
    }
}
```

이 방법으로 benchmark 스크립트는 반복된 콜백으로 전달하는 클로저 내부 의 지역 변수를 안전하게 참조할 수 있다.

```
function benchmark() {
    var start = [], end = [], timings = [];
    repeat(1000, function() {
        start.push(Date.now());
        f();
        end.push(Date.now());
    });
    for (var i = 0, n = start.length; i < n; i++) {
        timings[i] = end[i] - start[i];
    }
    return timings;
}
```

eval의 또 다른 문제는 일반적으로 고성능 엔진일수록 문자열 내부의 코드를 최적화하기가 더 어렵다는 점이다. 컴파일러가 소스코드를 적절한 시기에 최적화하기 위해서는 충분히 일찍 얻을 수 있어야 하는데, 문자열 내부의 코드는 그럴 수 없기 때문이다. 함수 표현식은 코드가 나타나자마자 동시에 컴파일될 수 있고, 표준 컴파일에 훨씬 더 순종적이다.

**기억할 점**

- eval로 실행되는 API에 전달한다면 문자열로 된 지역 변수를 절대 포함시키지 마라.
- 문자열을 전달받아 eval하는 대신, 함수를 전달받아 호출하는 API를 사용하라.

아이템 28

# 함수의 toString 메서드에 의존하지 마라

자바스크립트 함수에는 놀라운 기능이 있다. 함수는 toString 메서드를 통해 그 소스코드를 문자열로 재생산할 수 있다.

```
(function(x) {
    return x + 1;
}).toString(); // "function (x) {\n return x + 1;\n}"
```

함수의 소스코드를 다시 볼 수 있다는 점은 매우 강력하고, 때때로 똑똑한 해커들이 이를 사용하는 기발한 방법을 찾아내기도 한다. 하지만 함수의 toString 메서드에는 중대한 제약이 있다.

첫째로, ECMAScript 표준은 함수의 toString 메서드의 결과로 나오는 문자열에 대한 어떤 요구사항도 강요하지 않는다. 이는 자바스크립트 엔진에 따라 결과 문자열이 달라질 수도 있고, 심지어 함수의 내용을 담은 문자열을 만들어 내지 않을 수도 있다는 뜻이다.

실제로, 자바스크립트 엔진은 함수 소스코드의 신뢰할 만한 표현을 제공하려고 시도한다. 함수가 순수 자바스크립트로 구현되어 있다면 말이다. 호스트 환경의 내장 라이브러리로 만들어진 함수는 이에 준하지 않는 실패 사례 중 하나다.

```
(function(x) {
    return x + 1;
}).bind(16).toString(); // "function (x) {\n [native code]\n}"
```

많은 호스트 환경에서, bind 함수는 또 다른 프로그래밍 언어(일반적으로 C++)로 구현되었기 때문에, 실행 환경에 보여주기 위한 자바스크립트 코드를 전혀 가지지 않는 컴파일된 함수를 생성한다.

브라우저 엔진은 표준에 의해 toString의 출력으로 다양한 값을 반환할 수 있도록 허용하기 때문에, 하나의 자바스크립트 시스템에서는 제대로 동작하지만 다른 곳에서는 실패하는 프로그램을 만들어 내기 쉽다. 자바스크립트의 구현체가 매우 작은 수정(예를 들어, 공백 문자열 포매팅)을 할 수도 있고, 이로 인해 함수 소스코드 문자열의 정확한 세부 사항에 매우 민감한 프로그램을 망가뜨릴 수도 있다.

마지막으로, toString으로 생성된 소스코드는 그 내부 변수 참조에 연관된 클로저의 값을 표현하지 못한다. 예를 들면 다음과 같다.

```javascript
(function(x) {
    return function(y) {
        return x + y;
    }
})(42).toString(); // "function (y) {\n    return x + y;\n}"
```

함수는 실제로 클로저이고 x를 42로 바인딩하고 있음에도 불구하고, 결과 문자열이 x로의 변수 참조를 여전히 가지고 있다는 점에 주목하라.

이런 제약 때문에 유용하고 신뢰할 만한 함수 소스를 추출하기 어렵고, 일반적으로 이 방법을 사용해서는 안된다. 함수 소스 추출을 사용하기는 매우 복잡하기 때문에 반드시 주의 깊게 만들어진 자바스크립트 파서와 프로세싱 라이브러리를 사용해야 한다. 하지만 약간이라도 의심스럽다면, 자바스크립트 함수를 쪼갤 수 없는 추상으로써 다루는 것이 가장 안전하다.

**기억할 점**

- 자바스크립트 엔진은 toString을 통해 함수 소스코드의 정확한 내용을 생성할 필요가 없다.
- 함수 소스의 정확한 세부 사항에 절대로 의존하지 마라. 다른 엔진은 toString에 다른 결과를 만들어 낼 수 있기 때문이다.
- toString의 결과는 클로저에 보관된 지역 변수의 값을 노출하지 않는다.
- 일반적인 경우, 함수의 toString을 사용하지 마라.

아이템 29

# 비표준 스택 검사 프로퍼티를 사용하지 마라

많은 자바스크립트 실행 환경은 역사적으로 호출 스택, 즉 현재 실행되고 있는 활성 함수의 체인을 검사하기 위한 몇 가지 기능을 제공해 왔다(호출 스택에 대해 자세한 내용은 아이템 64를 참고하라). 몇몇 오래된 호스트 환경에서, 모든 인자 객체는 두 개의 부가적인 프로퍼티를 함께 가진다. 인자와 함께 호출한 함수를 참조하는 arguments.call과 그를 호출한 함수를 참조하는 arguments.caller가 그것이다. 전자는 여전히 많은 실행 환경에서 지원하고 있지만, 단지 익명 함수 자신을 재귀적으로 참조할 방법이 없어 사용되곤 한다.

```
var factorial = (function(n) {
    return (n <= 1) ? 1 : (n * arguments.callee(n -1));
});
```

하지만 이는 특별히 유용한 방법은 아니다. 왜냐하면 함수 자신의 이름을 직접 참조하는 것이 더 간단하기 때문이다.

```
function factorial(n) {
    return (n <= 1) ? 1 : (n * factorial(n -1));
}
```

arguments.caller 프로퍼티는 더 강력하다. 주어진 인자 객체로 호출한 함수를 참조한다. 이 기능은 신뢰하기 어려운데 대부분의 환경에서 보안 문제로 제거되었기 때문이다. 많은 자바스크립트 실행 환경은 함수 객체의 caller 프로퍼티를 비슷하게 제공하는데, 이는 비표준이지만 널리 퍼져있다. caller 프로퍼티는 함수의 가장 최근의 호출자를 참조한다.

```
function revealCaller() {
    return revealCaller.caller;
}
```

```
function start() {
    return revealCaller();
}
start() === start; // true
```

이 프로퍼티를 사용하면 스택 추적, 즉 현재 호출 스택의 스냅샷을 보여주는
데이터 구조를 추출할 수 있을 것이다. 스택 추적의 생성은 다음과 같이 믿을
수 없도록 간단하다.

```
function getCallStack() {
    var stack = [];
    for (var f = getCallStack.caller; f; f = f.caller) {
        stack.push(f);
    }
    return stack;
}
```

간단한 호출 스택을 위한 getCallStack 함수는 제대로 동작하는 것처럼 보인다.

```
function f1() {
    return getCallStack();
}
function f2() {
    return f1();
}
var trace = f2();
trace; // [f1, f2]
```

하지만 getCallStack은 쉽게 오동작 할 수 있다. 호출 스택에 함수가 두 번 이
상 나타나면 스택 검사 로직은 반복문 내에 갇히게 된다!

```
function f(n) {
    return n === 0 ? getCallStack() : f(n -1);
}
var trace = f(1); // 무한 루프
```

무엇이 잘못 되었을까? 함수 f가 재귀적으로 자기 자신을 호출하기 때문에
caller 프로퍼티는 자동으로 그 참조를 다시 f로 갱신한다. 따라서 getCallStack
내부의 반복문이 영구히 f를 바라보게 되어 갇히게 된다. 이런 사이클을 발견하
려고 해도, 함수 f가 자신을 호출하기 전에 어떤 함수가 호출되었는지 아무런
정보도 얻을 수 없고, 나머지 호출 스택에 대한 정보를 잃어버린다.

이런 호출 검사 기능들은 비표준이고 적용성이나 이식성에 한계가 있다. 게다가, ES5 스트릭트 함수에서는 명시적으로 허용하지 않고 있다. 스트릭트 함수의 arguments 객체에서 caller나 callee 함수로 접근을 시도하면 다음과 같이 오류가 발생한다.

```
function f() {
    "use strict";
    return f.caller;
}
f(); // 오류 : caller는 스트릭트 함수에서 접근할 수 없음
```

전적으로 스택 검사를 사용하지 않는 것이 최선의 정책이다. 스택을 조사하는 이유가 오로지 디버깅을 위해서라면, 인터랙티브 디버거를 사용하는 게 더 신뢰할 수 있는 방법이다.

**기억할 점**

- 신뢰할 만한 이식성을 보장하지 않는 비표준 arguments.caller와 arguments.callee 의 사용을 자제하라.
- 스택의 전체 정보를 제대로 포함하지 않는 함수의 비표준 caller 프로퍼티를 사용하지 마라.

# 4장

# 객체와 프로토타입

객체는 자바스크립트의 기본적인 데이터 구조다. 직관적으로, 객체는 문자열과 값이 연결되어 있는 테이블을 표현한다. 하지만 더 깊게 파보면, 객체 내부에는 꽤나 많은 부품들이 있다.

다른 많은 객체지향 언어와 같이, 자바스크립트는 동적인 위임 메커니즘을 통해 코드나 데이터를 재사용하는 구현체 상속을 지원한다. 하지만 많은 전통적인 언어들과는 달리, 자바스크립트의 상속 메커니즘은 클래스가 아닌 프로토타입(prototype) 기반이다. 많은 프로그래머들은 클래스가 없는 첫 번째 객체지향 언어로 자바스크립트를 마주하게 된다.

여러 언어에서, 모든 객체는 연관된 클래스의 인스턴스다. 클래스는 그 자신의 모든 인스턴스와 코드를 공유한다. 자바스크립트에는 대조적으로, 클래스에 대한 내장된 개념이 없다. 대신에, 객체는 다른 객체로부터 상속된다. 모든 객체는 어떤 다른 객체, 즉 프로토타입과 연관되어 있다. 비록 전통적인 객체지향 언어의 많은 콘셉트들은 여전히 이어져 오고 있지만, 프로토타입을 다루는 것은 클래스와 다르다.

아이템 30

# prototype, getPrototypeOf, __proto__의 차이점을 이해하라

프로토타입은 세 개의 접근자와 관계가 있다. 이 접근자들은 구분되지만 서로 연관되어 있고, 모두 단어 prototype의 변형된 이름을 가지고 있다. 불행하게도 이런 중복되는 이름들이 자연스럽게 꽤나 혼동을 준다. 확실히 정리해 보자.

- C.prototype은 new C( )로 생성된 객체의 프로토타입을 만드는 데 사용된다.
- Object.getPrototypeOf(obj)는 obj의 프로토타입 객체를 가져오기 위한 표준 ES5 메커니즘이다.
- obj.__proto__는 obj의 프로토타입 객체를 가져오는 비표준 메커니즘이다.

각각을 이해하기 위해, 자바스크립트 데이터형의 일반적인 정의를 생각해 보자. User 생성자는 다음과 같이 new 연산자로 호출되고, 이름과 비밀번호 문자열의 해시 값을 받아, 생성된 객체에 이들을 저장한다고 가정하자.

```javascript
function User(name, passwordHash) {
    this.name = name;
    this.passwordHash = passwordHash;
}
User.prototype.toString = function() {
    return "[User " + this.name + "]";
};
User.prototype.checkPassword = function(password) {
    return hash(password) === this.passwordHash;
};
var u = new User("sfalken",
                 "0ef33ae791068ec64b502d6cb0191387");
```

User 함수는 디폴트 prototype 프로퍼티를 갖게 되는데, 이 프로퍼티는 처음에는 비어 있는 객체를 나타낸다. 이 예제에서 우리는 User.prototype 객체에 두 개의 메서드 toString과 checkPassword를 추가했다. new 연산자로 User의 인스턴스를 만들었을 때, 결과 객체 u는 User.prototype에 저장된 객체를 그 자신의 prototype 객체로 자동으로 할당했다. 그림 4.1은 이 객체들의 다이어그램을 나타낸다.

**그림 4.1** User 생성자와 인스턴스의 프로토타입 관계

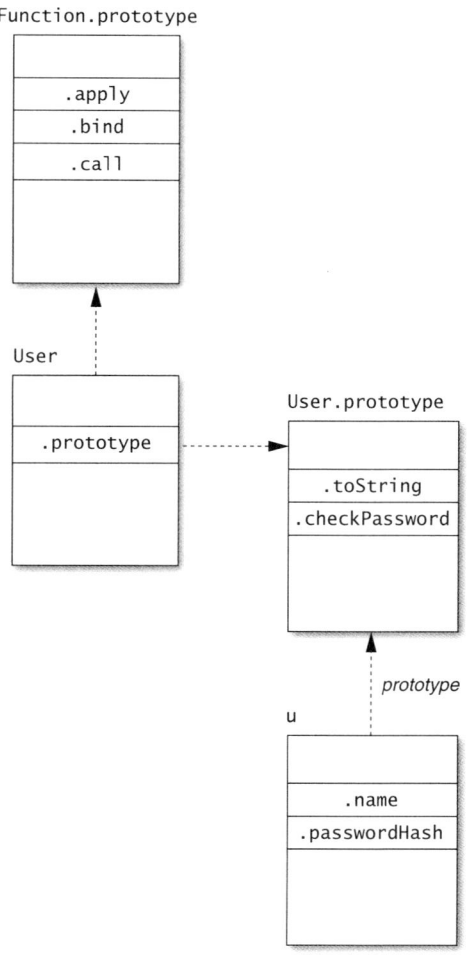

화살표가 인스턴스 객체 u와 프로토타입 객체 User.prototype을 연결하고 있다는 점을 주목하라. 이 연결은 상속 관계를 설명한다. 프로퍼티 탐색은 객체 자신의 프로퍼티로부터 시작하는데, 예를 들어 u.name과 u.passwordHash는 u의 해당 프로퍼티의 현재 값을 즉시 반환한다. u에서 직접 찾을 수 없는 프로퍼티는 u의 prototype에서 찾게 된다. 또한, u.checkPassword에 접근하면 User.prototype에 저장된 메서드를 반환한다.

이를 기억하고, Object.getPrototypeOf()에 대해 살펴보자. 생성자 함수의 prototype 프로퍼티가 새 인스턴스의 프로토타입 관계를 설정하기 위해 사용된 반면, ES5의 Object.getPrototypeOf() 함수는 현재 객체의 프로토타입을 가

---

**그림 4.2** User '클래스'의 개념적인 관점

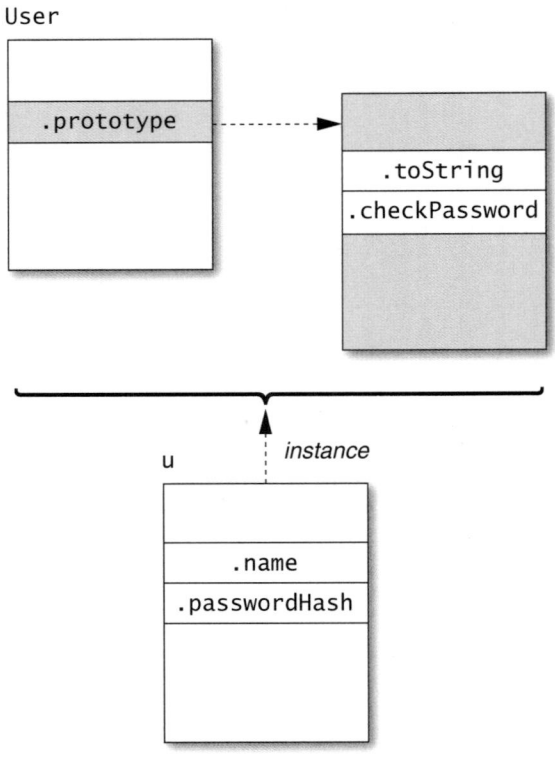

저오는 데 사용할 수 있다. 따라서, 예를 들어 이전 예제에서 u 객체를 생성한 이후에 다음과 같이 테스트할 수 있다.

```
Object.getPrototypeOf(u) === User.prototype; // true
```

몇몇 실행 환경에서는 객체의 프로토타입을 가져오기 위한 비표준 메커니즘인 특별한 __proto__ 프로퍼티를 제공한다. 이 프로퍼티는 ES5의 Object.getPrototypeOf를 지원하지 않는 실행 환경을 위한 임시 방편으로 유용하다. 이런 실행 환경에서는 다음과 같이 비슷하게 테스트할 수 있다.

```
u.__proto__ === User.prototype; // true
```

프로토타입 관계에 대해 마지막으로 하고 싶은 이야기는 클래스에 관한 것이다. 자바스크립트 프로그래머는 User가 함수보다 조금 더 많은 것으로 구성되었음에도 불구하고 흔히 클래스로 설명한다. 자바스크립트에서 클래스는 기본적으로 생성자 함수(User)와 클래스의 인스턴스 간에 메서드를 공유하기 위해 사용되는 프로토타입 객체(User.prototype)의 조합이다.

그림 4.2는 User 클래스를 개념적으로 생각할 수 있는 좋은 관점을 제시한다. User 함수는 클래스를 위한 공개 생성자를 제공하고, User.prototype은 인스턴스 간에 공유되는 메서드의 내부 구현체다. User와 u를 일반적으로 사용할 때는 프로토타입 객체에 직접적으로 접근할 필요가 전혀 없다.

**기억할 점**

- C.prototype은 new C( )로 생성된 객체의 프로토타입을 결정한다.
- Object.getPrototypeOf(obj)는 객체의 프로토타입을 가져오기 위한 표준 ES5 함수이다.
- obj.__proto__는 객체의 프로토타입을 가져오기 위한 비표준 메커니즘이다.
- 클래스는 생성자 함수와 연관된 프로토타입으로 구성된 설계 패턴이다.

# __proto__보다 Object.getPrototypeOf를 사용하라

ES5는 객체의 프로토타입을 가져오기 위한 표준 API로 Object.getPrototypeOf를 도입했지만, 많은 자바스크립트 엔진들은 이미 오랫동안 동일한 목적으로 특별한 __proto__ 프로퍼티를 제공해 왔다. 모든 자바스크립트 실행 환경이 이확장을 지원하는 것도 아니고, 그 동작들이 전적으로 호환되지도 않는다. 예를들어, 실행 환경들은 null 프로토타입을 가지는 객체를 서로 다르게 처리한다.어떤 실행 환경에서 __proto__는 Object.prototype을 상속하고, 따라서 null 프로토타입을 가지는 객체는 특별한 __proto__ 프로퍼티를 가지지 않는다.

```
var empty = Object.create(null); // 프로토타입이 없는 객체
"__proto__" in empty; // false (몇몇 실행 환경에서)
```

다른 실행 환경에서, __proto__는 객체의 상태와 상관 없이 항상 다음과 같이 특별하게 처리된다.

```
var empty = Object.create(null); // 프로토타입이 없는 객체
"__proto__" in empty; // true (몇몇 실행 환경에서)
```

Object.getPrototypeOf가 사용 가능한 환경에서는, 프로토타입을 추출하기위해 더 표준적이고 이식성 높은 접근 방법을 제공한다. 더욱이, __proto__ 프로퍼티는 모든 객체를 어지럽히는 많은 버그를 초래한다(아이템 45 참고). 현재 __proto__ 확장을 지원하는 자바스크립트 엔진은 이러한 버그들을 방지하기위해 조만간 __proto__를 비활성화하는 옵션을 제공할지도 모른다. Object.getPrototypeOf를 사용하면 __proto__가 비활성화되더라도 코드가 계속해서잘 동작함을 보장할 수 있다.

ES5 API를 제공하지 않는 자바스크립트 환경을 위해 __proto__를 사용해

Object.getPrototypeOf를 구현하는 방법은 다음과 같이 간단하다.

```
if (typeof Object.getPrototypeOf === "undefined") {
    Object.getPrototypeOf = function(obj) {
        var t = typeof obj;
        if (!obj || (t !== "object" && t !== "function")) {
            throw new TypeError("not an object");
        }
        return obj.__proto__;
    };
}
```

이 구현은 ES5 실행 환경에서도 안전한데, 그 이유는 Object.getPrototypeOf
가 이미 존재한다면 해당 함수를 설치하지 않기 때문이다.

**기억할 점**

- 비표준 __proto__ 프로퍼티를 사용하기보다 표준을 준수하는 Object.getProto
typeOf를 사용하라.
- __proto__를 지원하고 ES5를 지원하지 않는 실행 환경에 Object.getPrototypeOf
를 구현하라.

아이템 32

# __proto__를 절대 수정하지 마라

특별한 __proto__ 프로퍼티는 Object.getPrototypeOf가 가지지 않은 추가적인 기능을 제공한다. __proto__로 객체의 prototype 링크를 수정할 수 있다. 이 기능이 어쩌면 해롭지 않게 보일 수도 있겠지만(결국, 하나의 프로퍼티일 뿐이지 않나?), 실제로는 심각한 영향을 끼치므로 반드시 피해야 한다. __proto__를 수정하지 말아야 할 가장 명백한 이유는 이식성 때문이다. 모든 플랫폼이 객체의 프로토타입 수정을 지원하지는 않기 때문에 간단하게 이식성 있는 코드를 작성할 수가 없다.

　__proto__를 수정하지 말아야 할 또 다른 이유는 성능 때문이다. 모든 최신 자바스크립트 엔진은 객체 프로퍼티를 가져오거나 설정하는 동작을 고도로 최적화한다. 왜냐하면 자바스크립트 프로그램이 수행하는 가장 일반적인 연산 중 하나이기 때문이다. 엔진의 이런 최적화는 객체의 구조에 대한 지식을 기반으로 한다. 객체의 내부 구조를 수정하면, 예를 들어 객체나 그 프로토타입 체인 내부의 객체에 프로퍼티를 추가하거나 삭제하면, 이런 최적화 중 일부가 무효화된다. __proto__를 수정하는 행위는 실제로 상속 구조 자체를 변경하는 행위이고, 실행 가능한 가장 파괴적인 수정이다. 일반적인 프로퍼티를 수정하는 것보다 훨씬 더 많은 최적화를 무효화시킬 수 있다.

　하지만 __proto__를 수정하지 말아야 할 가장 큰 이유는 예측 가능한 동작을 유지하기 위해서다. 객체의 프로토타입 체인은 그 동작을 자신의 프로퍼티와 프로퍼티 값의 모음을 조사하여 정의한다. 객체의 프로토타입 연결을 수정하는 것은 뇌를 이식하는 것과 마찬가지다. 이는 곧 객체의 전체 상속 체계를 교체하는 것과 같다. 이러한 연산이 도움이 되는 예외적인 상황을 상상하는 것이 가능할지 몰라도, 기본적인 동작을 유지하기 위해서는 상속 체계가 반드시 안정적인 상태를 유지해야 한다.

임의로 지정된 프로토타입 연결을 가지는 새로운 객체를 생성하기 위해서, ES5의 Object.create를 사용할 수 있다. ES5를 구현하지 않은 실행 환경을 위해, 아이템 33에서 __proto__에 의존하지 않는 Object.create의 이식성 높은 구현에 대해서 다룰 것이다.

### 기억할 점

- 객체의 __proto__ 프로퍼티를 절대 수정하지 마라.
- 새로운 객체에 임의로 지정된 프로토타입을 제공하기 위해 Object.create을 사용하라.

**아이템 33**

# 생성자가 new와 관계 없이
# 동작하게 만들어라

아이템 30의 User 함수와 같은 생성자를 만들 때, 호출자는 반드시 new 연산자를 통해 호출해야 함을 기억해야만 했다. 함수가 어떻게 수신자 객체를 새로 만들어진 객체라고 가정하는지 주목하라.

```
function User(name, passwordHash) {
    this.name = name;
    this.passwordHash = passwordHash;
}
```

호출자가 new 키워드를 깜빡한다면, 함수의 수신자 객체는 전역 객체가 된다.

```
var u = User("baravelli", "d8b74df393528d51cd19980ae0aa028e");
u; // undefined
this.name; // "baravelli"
this.passwordHash; // "d8b74df393528d51cd19980ae0aa028e"
```

함수가 불필요하게 undefined를 반환할 뿐만 아니라, 처참하게도 전역 변수 name과 passwordHash를 생성(또는 우연히 이미 존재한다면 수정)한다.

User 함수가 ES5 스트릭트 코드로 정의되었다면, 수신자 객체는 디폴트로 undefined가 된다.

```
function User(name, passwordHash) {
    "use strict";
    this.name = name;
    this.passwordHash = passwordHash;
}
var u = User("baravelli", "d8b74df393528d51cd19980ae0aa028e");
// 오류: this가 정의되지 않음
```

이 경우, 잘못된 호출로 인해 즉시 오류가 발생한다. User의 첫 번째 줄에서 this.name 할당을 시도할 때 TypeError가 발생한다. 따라서 최소한 스트릭트 생성자 함수를 사용하면, 호출자는 버그를 빨리 발견하고 고칠 수 있다.

여전히, 어떤 경우든지 User 함수는 불안정하다. new를 사용하면 예상한 대로 동작하지만, 일반적인 함수처럼 사용하면 실패한다. 더 견고한 접근 방법은 어떻게 호출되더라도 생성자처럼 동작하는 함수를 제공하는 것이다. 이를 구현하는 쉬운 방법은 수신자 객체의 값이 User의 적절한 인스턴스인지 확인하는 것이다.

```
function User(name, passwordHash) {
    if (!(this instanceof User)) {
        return new User(name, passwordHash);
    }
    this.name = name;
    this.passwordHash = passwordHash;
}
```

이 방법을 사용하면, 함수로 호출되든지 생성자로 호출되든지 상관없이 User를 호출한 결과는 User.prototype을 상속한 객체가 된다.

```
var x = User("baravelli", "d8b74df393528d51cd19980ae0aa028e");
var y = new User("baravelli",
                 "d8b74df393528d51cd19980ae0aa028e");
x instanceof User; // true
y instanceof User; // true
```

이 패턴의 한 가지 단점은 추가적인 함수 호출이 필요하기 때문에 약간 더 비용이 많이 든다는 점이다. 가변 인자 함수(아이템 21, 22 참고)를 사용하기도 어려운데, 가변 인자 함수를 생성자로 호출하기 위한 apply 메서드를 위한 직관적인 유사체가 없기 때문이다. 다소 이색적인 접근 방법이지만 ES5의 Object.create를 사용할 수도 있다.

```
function User(name, passwordHash) {
    var self = this instanceof User
             ? this
             : Object.create(User.prototype);
    self.name = name;
    self.passwordHash = passwordHash;
    return self;
}
```

Object.create는 프로토타입 객체를 받아 이를 상속받는 새로운 객체를 반환한다. 따라서 이 버전의 User가 함수로 호출되면, 그 결과는 User.prototype을 상속하고 초기화된 name과 passwordHash 프로퍼티를 가지는 새로운 객체가 된다.

Object.create는 ES5에서만 사용 가능하지만, 다음과 같이 지역 생성자를 만들고 new로 초기화하는 Object.create를 정의하면 오래된 실행 환경에서도 비슷하게 사용할 수 있다.

```
if (typeof Object.create === "undefined") {
    Object.create = function(prototype) {
        function C() { }
        C.prototype = prototype;
        return new C();
    };
}
```

(이 코드는 Object.create를 하나의 인자만을 받는 버전으로 구현하였다는 점에 주목하라. 진짜 버전은 부가적인 두 번째 인자도 받아들이며, 이 인자에는 새로운 객체에 정의하기 위한 프로퍼티들의 모음을 기술한다.)

누군가 new를 사용해서 이 새로운 버전의 User를 호출하면 어떻게 될까? 생성자 오버라이딩 패턴 덕분에, 이 호출은 함수를 호출한 것처럼 동작한다. 이렇게 동작하는 이유는 자바스크립트가 생성자 함수 내에서 명시적으로 return을 실행할 경우 new 표현식의 결과를 오버라이딩하도록 허용하기 때문이다. User가 self를 리턴하면 new 표현식의 결과는 self가 되며, 이 값은 this에 바인딩된 값과 다른 객체가 될 수 있다.

생성자의 오용을 방지하는 것은 문제에 항상 도움이 되지는 않는데, 특히 생성자를 지역적으로만 사용할 때 그렇다. 생성자를 잘못된 방식으로 호출했을 때 상황이 어떻게 나빠질 수 있는지 이해해 두는 것이 역시나 중요하다. 최소한, 생성자 함수는 new를 통해 호출되어야 함을 문서화하라. 특히 방대한 코드 전반에 걸쳐 공유되거나 공유 라이브러리로 사용된다면 말이다.

**기억할 점**

- 자기 자신을 new로 다시 호출하거나 Object.create를 사용해서 생성자가 호출자의 문법에 관계없이 동작할 수 있게하라.

- 함수가 new로 호출되기를 기대한다면, 이에 대해 명백하게 문서화하라.

아이템 34

# 메서드를 프로토타입에 저장하라

자바스크립트에서 프로토타입을 쓰지 않고 프로그램을 작성하는 것은 전적으로 가능하다. 아이템 30에서 구현한 User 클래스를, 프로토타입 안에 어떤 특별한 것도 정의하지 않고서 다음과 같이 구현할 수도 있다.

```
function User(name, passwordHash) {
    this.name = name;
    this.passwordHash = passwordHash;
    this.toString = function() {
        return "[User " + this.name + "]";
    };
    this.checkPassword = function(password) {
        return hash(password) === this.passwordHash;
    };
}
```

대부분의 경우, 이 클래스는 원래의 구현과 꽤 비슷하게 동작한다. 하지만 User의 인스턴스를 여러 개 만든다면 중요한 차이점이 생긴다.

```
var u1 = new User(/* ... */);
var u2 = new User(/* ... */);
var u3 = new User(/* ... */);
```

그림 4.3은 이 세 객체와 그 프로토타입 객체가 어떻게 생겼는지를 보여준다. toString과 checkPassword 메서드를 프로토타입으로 공유하는 대신, 각 인스턴스는 두 메서드 모두를 복사하여 저장하므로, 통틀어 여섯 개의 함수 객체가 저장된다.

이와 대조적으로, 그림 4.4는 원본의 정의를 사용했을 때의 세 객체와 그 프로토타입의 모습을 보여준다. toString과 checkPassword 메서드는 한 번 생성되고 프로토타입을 통해 모든 인스턴스에 공유된다.

**그림 4.3** 인스턴스 객체에 메서드를 저장한 경우

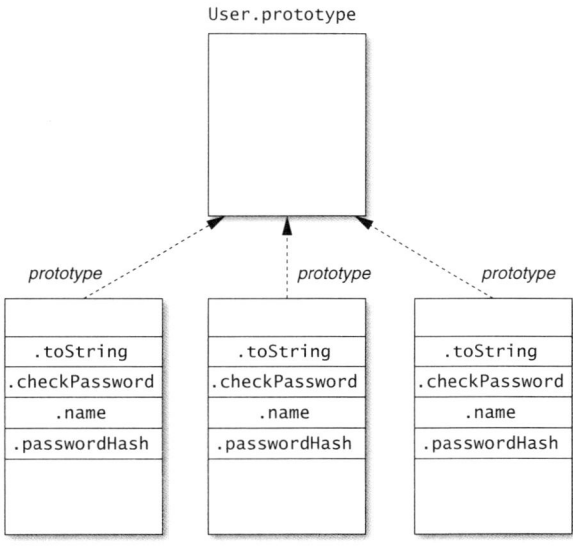

**그림 4.4** 프로토타입 객체에 메서드를 저장한 경우

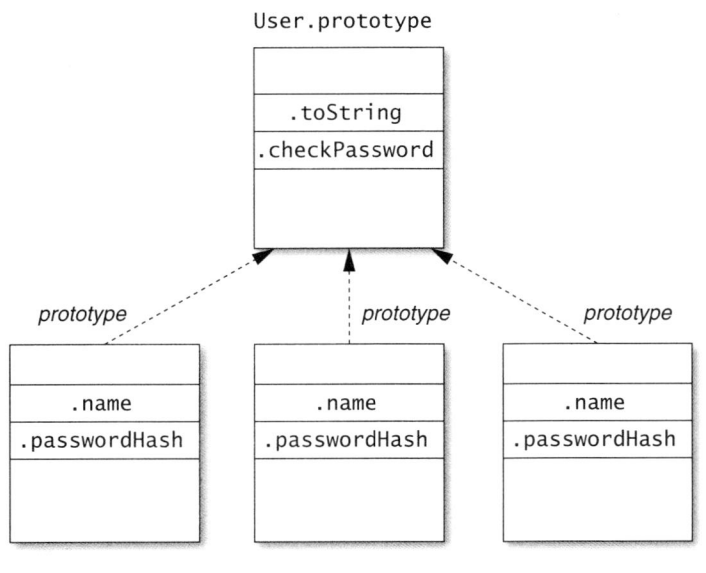

프로토타입에 메서드를 저장하면 개별 인스턴스 객체에 부가적인 프로퍼티를 추가하거나 여러 개의 함수를 복사할 필요 없이, 모든 인스턴스에서 사용할 수 있다. u3.toString()처럼 인스턴스 객체에 메서드를 저장하면 toString의 구현체를 찾기 위해 프로토타입 체인을 뒤질 필요가 없기 때문에, 메서드 탐색에 걸리는 시간을 최적화할 수 있겠다고 생각할지도 모르겠다. 하지만, 최신 자바스크립트 엔진은 프로토타입 탐색을 고도로 최적화하기 때문에, 인스턴스 객체에 메서드를 복사하는 것이 눈에 띌 만한 속도 개선을 반드시 보장하지는 않는다. 그리고 인스턴스 메서드는 프로토타입 메서드에 비해 더 많은 메모리를 사용하는 것이 거의 확실하다.

**기억할 점**

- 인스턴스 객체에 메서드를 저장하면 인스턴스 객체당 함수가 하나씩 복사되어, 여러 개가 복사된다.
- 인스턴스 객체에 메서드를 저장하기보다 프로토타입에 메서드를 저장하라.

# 비공개 데이터를 저장하기 위해 클로저를 사용하라

자바스크립트의 객체 시스템은 특별히 정보 은닉을 강제하거나 권장하지 않는다. 모든 프로퍼티의 이름은 문자열이고, 프로그램 내에서 그 이름을 통해 객체의 어떤 프로퍼티라도 접근할 수 있다. 심지어 for...in 반복문이나 ES5의 Object.keys( ), Object.getOwnPropertyNames( ) 함수와 같은 기능들은 한 객체의 모든 프로퍼티 이름을 쉽게 알아낼 수 있게 해 준다.

흔히, 자바스크립트 프로그래머는 비공개 프로퍼티를 위한 어떤 절대적인 강제 메커니즘보다는 코딩 컨벤션에 의존한다. 예를 들어, 몇몇 프로그래머는 비공개 프로퍼티에 밑줄 문자(_)를 접두어나 접미어로 붙이는 명명 규칙을 사용한다. 이 방법은 정보 은닉을 전혀 강제하지 않지만, 객체를 제대로 사용하는 사용자가 프로퍼티를 검사하거나 수정하지 않도록 제안하고, 그 덕에 객체의 구현이 자유롭게 변경될 수 있는 상태로 계속해서 남게 해 준다.

그럼에도 불구하고, 어떤 프로그램은 실제로 더 높은 수준의 은닉을 필요로 한다. 예를 들어 보안에 민감한 플랫폼이나 애플리케이션 프레임워크는 신뢰하지 않는 애플리케이션에 객체를 전달할 때, 아마도 해당 애플리케이션이 객체의 내부에 손대지 않기를 바랄 것이다. 정보 은닉을 강제하는 것이 유용한 또 다른 경우로는, 사용자가 별 주의 없이 라이브러리를 많이 사용하는데 뜻하지 않게 구현의 세부 사항에 의존하거나 이를 간섭하여 이상한 버그가 발생할 때다.

자바스크립트는 이런 상황에 정보를 은닉하기 위한 매우 신뢰할 만한 메커니즘을 제공하는데, 바로 클로저다.

클로저는 꾸밈없는 데이터 구조다. 클로저는 내포한 변수에 데이터를 저장하고, 이 변수들에 대한 직접적인 접근을 제공하지 않는다. 클로저의 내부에 접근할 수 있는 유일한 방법은 함수에 클로저의 접근을 명시적으로 제공하는 것이다. 다시 말해서, 객체와 클로저는 반대의 정책을 가진다. 객체의 프로퍼티는 자동으로 노출되고, 클로저에 있는 변수는 자동으로 숨겨진다.

이를 이용해 진짜로 비공개인 데이터를 객체에 저장할 수 있다. 데이터를 객체의 프로퍼티로 저장하는 대신에, 생성자 내의 변수로 저장하고, 객체의 메서드는 이 변수를 참조하는 클로저로 바꾼다. 아이템 30에서 예로 들었던 User 클래스를 다시 한 번 살펴보자.

```
function User(name, passwordHash) {
    this.toString = function() {
        return "[User " + name + "]";
    };
    this.checkPassword = function(password) {
        return hash(password) === passwordHash;
    };
}
```

여느 구현과는 다르게, toString과 checkPassword 메서드가 name과 passwordHash를 this의 프로퍼티가 아닌 변수로 참조하는 부분에 주목하라. User의 인스턴스는 어떠한 인스턴스 프로퍼티도 가지지 않으므로, 외부의 코드는 User 인스턴스의 name과 passwordHash에 직접 접근할 수 없다.

이 패턴의 단점은, 생성자의 변수가 그 변수를 사용하는 메서드의 스코프 내에 있게 하기 위해서는, 반드시 이 메서드가 인스턴스 객체에 위치해야 한다는 것이다. 또한 아이템 34에서 논의한 것처럼, 메서드 복사가 급증하는 결과를 초래한다. 그럼에도 불구하고, 정보 은닉을 보장하는 것이 매우 중요한 상황에서는 추가적인 비용을 치를 만한 가치가 있다.

### 기억할 점
- 클로저 변수는 비공개이고, 지역적인 참조로만 접근할 수 있다.
- 메서드 안에 강제로 정보를 숨기기 위해 비공개 데이터로써 지역 변수를 사용하라.

# 인스턴스의 상태는 인스턴스 객체에만 저장하라

프로토타입과 인스턴스의 일대다 관계에 대해 이해하는 것은 제대로 동작하는 객체를 구현하기 위해 매우 중요하다. 객체를 잘못 구현하는 방법 중 하나는 인스턴스마다 저장해야 할 데이터를 실수로 프로토타입에 저장하는 것이다. 예를 들어, 트리 데이터 구조를 구현하는 클래스는 아마도 각 노드마다 자식들의 배열을 포함할 것이다. 프로토타입 객체에 자식의 배열을 저장하면 완전히 잘못된 구현이 되어 버린다.

```javascript
function Tree(x) {
    this.value = x;
}
Tree.prototype = {
    children: [], // 반드시 인스턴스 상태여야 함!
    addChild: function(x) {
        this.children.push(x);
    }
};
```

이 클래스로 트리를 생성하면 어떤 일이 벌어질지 생각해 보자.

```javascript
var left = new Tree(2);
left.addChild(1);
left.addChild(3);
var right = new Tree(6);
right.addChild(5);
right.addChild(7);
var top = new Tree(4);
top.addChild(left);
top.addChild(right);
top.children; // [1, 3, 5, 7, left, right]
```

addChild를 호출할 때마다, Tree.prototype.children에 값을 덧붙이게 되고, 어디서든지 addChild를 호출하면 순서에 따라 노드들을 포함하게 된다! 이는

**그림 4.5** 인스턴스의 상태를 프로토타입에 저장한 경우

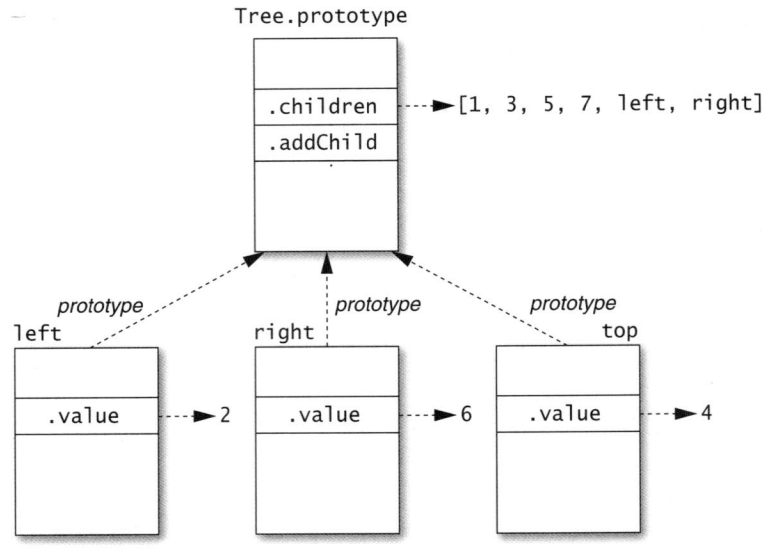

그림 4.5와 같이 Tree 객체를 논리에 맞지 않는 상태로 남겨 두게 된다.

Tree 클래스를 올바르게 구현하는 방법은 다음과 같이 각 인스턴스 객체에 구분된 children 배열을 생성하는 것이다.

```
function Tree(x) {
    this.value = x;
    this.children = []; // 인스턴스 상태
}
Tree.prototype = {
    addChild: function(x) {
        this.children.push(x);
    }
};
```

이제 이전과 동일한 예제 코드를 실행해 보면, 그림 4.6에서 보여지는 것처럼 예상한 상태 값을 얻게 된다.

이 이야기의 교훈은 상태를 나타내는 데이터는 공유시 문제를 일으킬 소지가 있다는 것이다. 메서드는 보통 한 클래스에 속하는 다수의 인스턴스 간에 공

**그림 4.6** 인스턴스의 상태를 인스턴스 객체에 저장한 경우

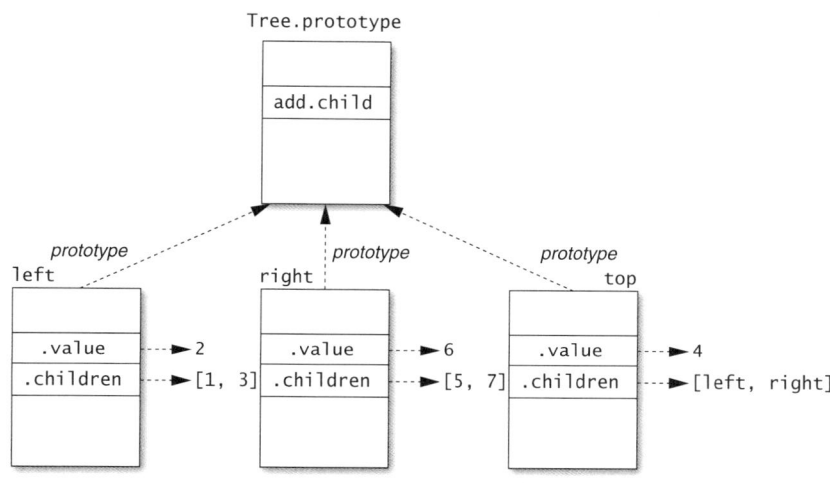

유되어도 안전한데, 일반적으로 인스턴스의 상태를 this를 통해 참조하는 것 외에는 상태 값을 가지지 않기 때문이다. (메서드 호출 문법은 프로토타입에서 상속된 메서드라고 할지라도 this가 인스턴스 객체에 바인딩되었다는 것을 보장하기 때문에, 공유된 메서드는 여전히 인스턴스의 상태 값에 접근할 수 있다.) 보통, 수정 불가능한 데이터를 프로토타입으로 공유하는 것은 안전하며, 상태 값을 가지는 데이터 또한 진짜로 공유할 의도라면 원칙적으로 프로토타입에 저장할 수 있다. 하지만 메서드야말로 단연코 프로토타입 객체에서 찾을 수 있는 가장 흔한 데이터다. 인스턴스마다 달라져야 하는 상태 값이라면, 반드시 인스턴스 객체에 저장되어야 한다.

### 기억할 점

- 수정 가능한 데이터는 공유 시 문제의 소지가 있으며, 프로토타입은 모든 인스턴스 간에 공유된다.
- 각 인스턴스의 수정 가능한 상태 값은 인스턴스 객체에 저장하라.

아이템 37·

# this의 명시적인 바인딩에 대해 이해하라

CSV(comma-separated values, 쉼표로 구분된 값) 파일 포맷은 표 형태의 데이터를 표현하기 위한 간단한 텍스트 표현 방식이다.

```
Bosendorfer,1828,Vienna,Austria
Fazioli,1981,Sacile,Italy
Steinway,1853,New York,USA
```

CSV 데이터를 읽어들이는 커스터마이즈 가능한 간단한 클래스를 작성해 보자. (간단하게, "hello, world" 같이 인용된 항목은 빼 놓자.) 이름과는 다르게, CSV는 다른 문자열을 구분자로 사용할 수 있으므로, 입력이 다양한 형태로 들어오게 된다. 따라서 우리가 만들 생성자는 다음과 같이 부가적으로 구분자 문자열의 배열을 받고, 각 줄을 항목으로 나누기 위해 사용할 사용자 정의 정규 표현식을 만든다.

```
function CSVReader(separators) {
    this.separators = separators || [","];
    this.regexp =
        new RegExp(this.separators.map(function(sep) {
            return "\\" + sep[0];
        }).join("|"));
}
```

read 메서드의 간단한 구현 방법은 두 단계로 진행될 수 있다. 첫째로 입력 문자열을 개별 줄의 배열로 나누고, 두 번째로 배열의 각 줄을 개별 셀로 나눈다. 결과 값은 문자열로 된 2차원 배열이 될 것이다. map 메서드를 사용하기 딱 알맞은 작업이다.

```
CSVReader.prototype.read = function(str) {
    var lines = str.trim().split(/\n/);
    return lines.map(function(line) {
```

```
        return line.split(this.regexp); // 오류!
    });
};
var reader = new CSVReader();
reader.read("a,b,c\nd,e,f\n"); // [["a,b,c"], ["d,e,f"]]
```

보기에는 간단해 보이는 이 코드는, 이상하지만 중요한 버그를 가지고 있다. lines.map에 전달되는 콜백 함수가 this를 참조하여, CSVReader 객체의 regexp 프로퍼티를 추출하기를 기대한다. 하지만, map은 콜백의 수신자 객체를 lines 배열로 바인딩하기 때문에, 그런 프로퍼티를 가지고 있지 않다. 결과적으로 this.regexp는 undefined 값을 가지고, line.split 호출은 잘못 동작하게 된다.

이 버그는 this가 변수와는 다른 방법으로 바인딩된다는 사실 때문에 나타난 결과다. 아이템 18과 25에서 설명한 것처럼 모든 함수는 this의 명시적인 바인딩을 가지며, 이는 함수가 호출될 때 결정된다. 어휘적으로 스코프가 정해진 (lexically scoped) 변수는, 예를 들어 var 선언문 목록이나 함수의 파라미터로써 발생한 명시적인 이름의 바인딩을 찾아보면 어디서 바인딩을 받게 되는지 항상 알 수 있다. 이와는 대조적으로, this는 가장 가까이서 둘러싼 함수에 의해 명시적으로 바인딩된다. 따라서 CSVReader.prototype.read 내에서의 this 바인딩은 lines.map에 전달된 콜백 함수 내의 this 바인딩과는 다르다.

운좋게도 아이템 25에서 봤던 forEach 예제와 비슷하게, 배열의 map 메서드가 부가적인 두 번째 인자를 받아 콜백의 this 바인딩으로 사용한다는 점을 이용할 수 있다. 따라서 이 경우에, 다음과 같이 외부의 this 바인딩을 콜백 다음에 오는 두 번째의 map 인자로 전달하는 것이 가장 쉬운 수정 방법이다.

```
CSVReader.prototype.read = function(str) {
    var lines = str.trim().split(/\n/);
    return lines.map(function(line) {
        return line.split(this.regexp);
    }, this); // 외부 this 바인딩을 콜백으로 전달한다.
};
var reader = new CSVReader();
reader.read("a,b,c\nd,e,f\n");
// [["a","b","c"], ["d","e","f"]]
```

하지만 모든 콜백 기반 API가 이렇게 배려하지는 않는다. map이 부가적인 인자를 받아들이지 않는다면 어떻게 될까? 콜백이 계속해서 참조할 수 있도록, 외부 함수의 this 바인딩에 대한 접근을 유지할 다른 방법이 필요할 수도 있다. 해결 방법은 상당히 간단하다. 다음과 같이 어휘적으로 스코프가 지정된 변수를 사용해 외부 this 바인딩으로의 부가적인 참조를 저장하면 된다.

```
CSVReader.prototype.read = function(str) {
    var lines = str.trim().split(/\n/);
    var self = this; // 외부 this 바인딩으로의 참조를 저장한다.
    return lines.map(function(line) {
        return line.split(self.regexp); // 외부의 this를 사용한다.
    });
};
var reader = new CSVReader();
reader.read("a,b,c\nd,e,f\n");
// [["a","b","c"], ["d","e","f"]]
```

프로그래머들은 흔히 이 패턴에 self라는 변수 이름을 사용하는데, 이 이름은 변수의 유일한 목적이 현재 스코프의 this 바인딩을 위한 추가적인 별명으로써 사용된다는 뜻이다. (또 다른 인기 있는 변수 이름으로 me와 that이 사용되기도 한다.) 특정한 이름을 선택하는 것이 그렇게 중요하지는 않지만, 흔한 이름을 사용하면 다른 프로그래머가 이 패턴을 빨리 알아차릴 수 있다.

ES5에서 사용할 수 있는 또 다른 유용한 접근 방법으로는 아이템 25에서 설명한 방법과 유사하게 콜백 함수에 bind 메서드를 사용하는 것이다.

```
CSVReader.prototype.read = function(str) {
    var lines = str.trim().split(/\n/);
    return lines.map(function(line) {
        return line.split(this.regexp);
    }.bind(this)); // 외부 this로 바인딩한다.
};
var reader = new CSVReader();
reader.read("a,b,c\nd,e,f\n");
// [["a","b","c"], ["d","e","f"]]
```

### 기억할 점

- this의 스코프는 항상 가장 가까이서 둘러싼 함수에 의해 결정된다.
- 내부 함수에서 this 바인딩을 사용할 수 있도록, 보통 self, me, that 같은 이름의 지역 변수를 사용하라.

아이템 38

# 하위 클래스 생성자에서 상위 클래스 생성자를 호출하라

장면 그래프(scene graph)는 게임이나 그래픽 시뮬레이션 같은 시각 프로그램에서 사용되는 장면을 설명하는 객체들의 모음이다. 간단한 하나의 장면은 다음 예제와 같이 배우(actor)라고 부르는 장면 내의 모든 객체와, 배우 객체를 위해 미리 로딩된 이미지 데이터의 테이블 그리고 흔히 컨텍스트라고 부르는 그래픽 디스플레이에 대한 참조를 포함한다.

```javascript
function Scene(context, width, height, images) {
    this.context = context;
    this.width = width;
    this.height = height;
    this.images = images;
    this.actors = [];
}
Scene.prototype.register = function(actor) {
    this.actors.push(actor);
};
Scene.prototype.unregister = function(actor) {
    var i = this.actors.indexOf(actor);
    if (i >= 0) {
        this.actors.splice(i, 1);
    }
};
Scene.prototype.draw = function() {
    this.context.clearRect(0, 0, this.width, this.height);
    for (var a = this.actors, i = 0, n = a.length;
        i < n;
        i++) {
        a[i].draw();
    }
};
```

장면 내의 모든 배우 객체는 공통 메서드를 추상화한 기본 Actor 클래스를 상속한다. 모든 배우 객체는 자신의 장면에 대한 참조와 좌표 위치를 저장하고,

자기 자신을 장면의 actors 레지스트리에 추가한다.

```
function Actor(scene, x, y) {
    this.scene = scene;
    this.x = x;
    this.y = y;
    scene.register(this);
}
```

장면 내에서 배우 객체의 위치를 바꾸기 위해서, 다음과 같이 moveTo 메서드를 제공한다. 이 메서드는 배우 객체의 좌표를 바꾸고, 장면을 다시 그린다.

```
Actor.prototype.moveTo = function(x, y) {
    this.x = x;
    this.y = y;
    this.scene.draw();
};
```

배우 객체가 장면에서 사라지면, 장면 그래프의 레지스트리에서 해당 객체를 제거하고 장면을 다시 그린다.

```
Actor.prototype.exit = function() {
    this.scene.unregister(this);
    this.scene.draw();
};
```

하나의 배우 객체를 그리기 위해서, 장면 그래프의 이미지 테이블에서 해당 배우 객체의 이미지를 찾는다. 모든 배우 객체가 이미지 테이블에서 그 이미지를 찾는 데 쓸 수 있는 type 필드를 가진다고 가정할 것이다. 이 이미지 데이터를 찾고 나면, 해당 이미지를 그래픽스 라이브러리를 사용해서 그래픽 컨텍스트에 그릴 수 있다. (예제에서는 HTML5 Canvas API의 drawImage 메서드를 사용해서 Image 객체를 웹페이지 내의 〈canvas〉 엘리먼트에 그릴 것이다.)

```
Actor.prototype.draw = function() {
    var image = this.scene.images[this.type];
    this.scene.context.drawImage(image, this.x, this.y);
};
```

이와 유사하게, 이미지 데이터로부터 배우 객체의 크기를 알아낼 수 있다.

```
Actor.prototype.width = function() {
```

```
        return this.scene.images[this.type].width;
    };
    Actor.prototype.height = function() {
        return this.scene.images[this.type].height;
    };
```

배우 객체의 특정한 타입을 Actor의 하위 클래스로 구현할 수 있다. 예를 들어, 아케이드 게임의 우주선은 Actor를 상속한 SpaceShip 클래스가 될 수 있다. 모든 클래스들과 비슷하게, SpaceShip은 생성자 함수로 정의된다. 하지만, SpaceShip의 인스턴스가 배우 객체로서 적절하게 초기화되었는지 확인하기 위해, 생성자는 반드시 명시적으로 Actor 생성자를 호출한다. 다음과 같이 수신자 객체가 새로운 객체에 바인딩된 Actor를 호출하여 이같이 동작하게 할 수 있다.

```
    function SpaceShip(scene, x, y) {
        Actor.call(this, scene, x, y);
        this.points = 0;
    }
```

Actor 생성자를 처음 호출하면 Actor로부터 만들어진 모든 인스턴스 프로퍼티들이 새로운 객체에 추가된다. 그리고 나서, SpaceShip은 우주선의 현재 득점과 같은 자기 자신의 인스턴스 프로퍼티를 정의할 수 있다.

SpaceShip이 Actor의 적절한 하위 클래스가 되도록, SpaceShip의 프로토타입은 반드시 Actor.prototype으로부터 상속되어야 한다. 이런 확장을 위한 최선의 방법은 ES5의 Object.create를 사용하는 것이다.

```
    SpaceShip.prototype = Object.create(Actor.prototype);
```

(아이템 33에서는 ES5를 지원하지 않는 실행 환경에서 Object.create를 구현하는 방법에 대해 설명했다.) SpaceShip의 프로토타입 객체를 Actor 생성자로 만들기를 시도했다면, 몇 가지 문제가 생겼을 것이다. 첫 번째로 Actor에 전달하기 위한 적절한 인자를 가지지 못한다.

```
    SpaceShip.prototype = new Actor();
```

SpaceShip 프로토타입을 초기화했을 때, 첫 번째 인자로 전달할 어떤 장면도 아직 만들지 않았다. 그리고 SpaceShip 프로토타입은 쓸 만한 x나 y 좌표를 가

**그림 4.7** 하위 클래스의 상속 계층도

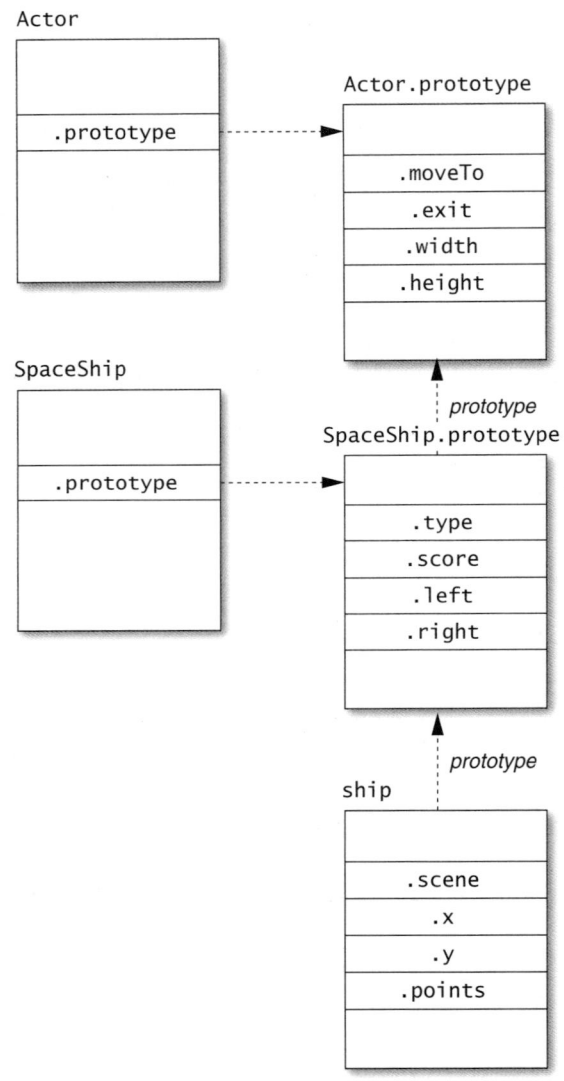

지지 않는다. 이 프로퍼티들은 SpaceShip.prototype의 프로퍼티가 아니라 개별 SpaceShip 객체들의 인스턴스 프로퍼티여야 한다. Actor 생성자가 객체를 장면의 레지스트리에 추가한다는 점이 더 큰 문제다. 이는 분명히 SpaceShip 프로토타입으로 하고 싶지 않은 일이다. 이는 하위 클래스의 일반적인 현상이다. 상위 클래스 생성자는 하위 클래스 프로토타입이 생성될 때가 아니라, 반드시 하위 클래스의 생성자로부터 호출되어야 한다.

 SpaceShip 프로토타입 객체를 만들고 나면, 이미지 데이터의 장면 테이블에 인덱싱하기 위한 type 이름이나 우주선을 위한 메서드를 포함해 인스턴스 간에 공유되는 모든 프로퍼티를 추가할 수 있다.

```
SpaceShip.prototype.type = "spaceShip";
SpaceShip.prototype.scorePoint = function() {
    this.points++;
};
SpaceShip.prototype.left = function() {
    this.moveTo(Math.max(this.x -10, 0), this.y);
};
SpaceShip.prototype.right = function() {
    var maxWidth = this.scene.width -this.width();
    this.moveTo(Math.min(this.x + 10, maxWidth), this.y);
};
```

 그림 4.7은 SpaceShip의 인스턴스에 대한 상속 계층 다이어그램을 나타낸다. scene, x, y 프로퍼티가 Actor 생성자로 만들어졌음에도 불구하고, 어떻게 프로토타입 객체가 아니라 인스턴스 객체에만 정의되는지에 주목하라.

### 기억할 점

- 하위 클래스 생성자에서 상위 클래스 생성자를 명시적으로 호출하라. 이때 this를 명시적인 수신자 객체로 전달하라.
- 상위 클래스 생성자를 호출하지 않기 위해 Object.create를 사용해 하위 클래스의 프로토타입 객체를 생성하라.

아이템 39

# 상위 클래스 프로퍼티 이름을 절대 재사용하지 마라

아이템 38의 장면 그래프 라이브러리에 디버깅이나 프로파일링에 유용한 분석적인 정보를 수집하는 기능을 추가하기 원한다고 상상해 보자. 이를 위해 각 Actor 인스턴스에 유일한 식별 숫자를 주려고 한다.

```
function Actor(scene, x, y) {
    this.scene = scene;
    this.x = x;
    this.y = y;
    this.id = ++Actor.nextID;
    scene.register(this);
}
Actor.nextID = 0;
```

이제 Actor의 하위 클래스 Alien의 개별 인스턴스에도 동일하게 적용하자. Alien은 우주선의 적인 외계인을 표현하기 위한 클래스라고 가정하자. 배우 객체의 식별 숫자와 함께, 각 외계인에 개별 식별 숫자를 부여하자.

```
function Alien(scene, x, y, direction, speed, strength) {
    Actor.call(this, scene, x, y);
    this.direction = direction;
    this.speed = speed;
    this.strength = strength;
    this.damage = 0;
    this.id = ++Alien.nextID; // 배우 객체 아이디와 충돌한다.
}
Alien.nextID = 0;
```

이 코드는 Alien 클래스와 상위 클래스인 Actor 사이에서 충돌을 일으킨다. 두 클래스 모두 id라는 인스턴스 프로퍼티를 정의하려고 시도한다. 각 클래스가 프로퍼티를 '비공개'로 간주할 수 있지만(즉, 그 클래스에 직접 정의된 메서드에 연관이 있고 접근 가능한 경우에만), 사실 이 프로퍼티는 인스턴스 객체에 저장되고 문자열로 이름 지어진 것이다. 하나의 상속 계층에 속한 두 클래스가 같은 프로퍼티 이름을 참조한다면, 이 둘은 같은 프로퍼티를 참조할 것이다.

그 결과, 하위 클래스는 비록 이 프로퍼티들이 개념적으로는 비공개더라도 반드시 상위 클래스가 사용하는 모든 프로퍼티에 대해 알아야 한다. 이 경우 명백한 해결 방법은 Actor 객체의 식별 숫자와 Alien 객체의 식별 숫자에 서로 다른 프로퍼티 이름을 사용하는 것이다.

```javascript
function Actor(scene, x, y) {
    this.scene = scene;
    this.x = x;
    this.y = y;
    this.actorID = ++Actor.nextID; // alienID와 다른 이름을 사용
    scene.register(this);
}
Actor.nextID = 0;

function Alien(scene, x, y, direction, speed, strength) {
    Actor.call(this, scene, x, y);
    this.direction = direction;
    this.speed = speed;
    this.strength = strength;
    this.damage = 0;
    this.alienID = ++Alien.nextID; // actorID와 다른 이름을 사용
}
Alien.nextID = 0;
```

### 기억할 점

- 상위 클래스가 사용하는 모든 프로퍼티 이름에 대해 알아두어라.
- 상위 클래스의 프로퍼티 이름을 절대로 하위 클래스에서 재사용하지 마라.

# 표준 클래스를 상속하지 마라

ECMAScript 표준 라이브러리는 작지만, Array, Function, Date 같은 중요한 클래스들을 제공한다. 이 클래스들을 하위 클래스로 확장하려고 시도할 수도 있지만, 불행하게도 이 클래스들의 정의는 꽤나 특별해서 제대로 동작하는 하위 클래스를 작성하기란 불가능하다.

Array 클래스가 좋은 예다. 파일 시스템을 운영하기 위한 라이브러리에서 다음과 같이 배열의 동작을 상속하여 디렉터리의 추상을 만들고 싶을 수도 있다.

```javascript
function Dir(path, entries) {
    this.path = path;
    for (var i = 0, n = entries.length; i < n; i++) {
        this[i] = entries[i];
    }
}
Dir.prototype = Object.create(Array.prototype);
// Array를 확장
```

불행하게도, 이 접근 방법으로는 배열의 length 프로퍼티가 예상과 다르게 동작한다.

```javascript
var dir = new Dir("/tmp/mysite",
                  ["index.html", "script.js", "style.css"]);
dir.length; // 0
```

이 예제가 실패하는 이유는 내부적으로 '진짜' 배열로 표시된 객체에서 length 프로퍼티가 특별하게 동작하기 때문이다. ECMAScript 표준은 이를 보이지 않는 내부 프로퍼티 [[Class]]로 명시한다. 이름에 헷갈리지 말자. 자바스크립트는 내부 클래스 시스템을 비밀리에 가지지 않는다. [[Class]]의 값은 간단한 꼬리표일 뿐이다. (Array 생성자나 [] 문법으로 생성된) Array 객체에는 [[Class]] 값으로

"Array"가 찍혀 있고, 함수에는 [[Class]] 값으로 "Function"이 찍혀 있는 식이다. 표 4.1은 ECMAScript에 정의된 전체 [[Class]] 값들의 모음을 나타낸다.

그런데 이 신기한 [[Class]] 프로퍼티가 length와 어떤 연관이 있을까? 실제로 length는 [[Class]] 내부 프로퍼티가 "Array" 값을 가지는 경우에 특별하게 동작하도록 정의되어 있다. 이런 객체들을 위해, length 프로퍼티는 그 객체의 인덱싱된 프로퍼티의 개수와 계속해서 동기화된다. 객체에 더 많은 인덱싱된 프로퍼티를 추가한다면, length 프로퍼티는 자동으로 증가한다. length를 줄이면, 새로운 값을 넘어선 인덱싱된 프로퍼티 모두를 자동으로 삭제한다.

하지만 Array 클래스를 확장하면, 하위 클래스의 인스턴스는 new Array()나 리터럴 [] 문법으로 생성하지 않는다. 따라서 Dir의 인스턴스들은 [[Class]]로 "Object"를 갖게 된다. 이를 테스트하는 방법도 있다. 기본 Object.prototype.toString 메서드는 수신자 객체 내부의 [[Class]] 프로퍼티를 질의하는데, 이는 일반적인 객체의 설명을 만들어 낸다. 따라서 이 메서드를 어떠한 지정된 객체에 명시적으로 호출할 수 있으며 이는 다음과 같은 결과를 나타낸다.

**표 4.1** ECMAScript에 정의된 [[Class]] 내부 프로퍼티의 값

| [[Class]] | 생성자 |
|---|---|
| "Array" | new Array(…), […] |
| "Boolean" | new Boolean(…) |
| "Date" | new Date(…) |
| "Error" | new Error(…), new EvalError(…), new RangeError(…), new ReferenceError(…), new SyntaxError(…), new TypeError(…), new URIError(…) |
| "Function" | new Function(…), function(…) {…} |
| "JSON" | JSON |
| "Math" | Math |
| "Number" | new Number(…) |
| "Object" | new Object(…), {…}, new MyClass(…) |
| "RegExp" | new RegExp(…), /…/ |
| "String" | new String(…) |

```
var dir = new Dir("/", []);
Object.prototype.toString.call(dir); // "[object Object]"
Object.prototype.toString.call([]); // "[object Array]"
```

결과적으로, Dir의 인스턴스는 배열의 length 프로퍼티의 특별한 동작을 예상대로 상속하지 않는다.

다음과 같이 항목들의 배열을 인스턴스 프로퍼티로 정의하는 것이 더 좋은 구현 방법이다.

```
function Dir(path, entries) {
    this.path = path;
    this.entries = entries; // 배열 프로퍼티
}
```

다음과 같이 entries 프로퍼티에 상응하는 메서드에 위임하는 방법으로 Array의 메서드들을 prototype에 재정할 수 있다.

```
Dir.prototype.forEach = function(f, thisArg) {
    if (typeof thisArg === "undefined") {
        thisArg = this;
    }
    this.entries.forEach(f, thisArg);
};
```

ECMAScript 표준 라이브러리의 생성자 중 대부분은 특정 프로퍼티나 메서드가 올바른 [[Class]]를 기대하거나 또는 하위 클래스가 제공하지 못하는 다른 특별한 내부 프로퍼티를 기대할 때 비슷한 문제를 보인다. 이런 이유로 Array나 Boolean, Date, Function, Number, RegExp, String과 같은 표준 클래스는 상속하지 않기를 권한다.

### 기억할 점

- 표준 클래스를 상속하면 [[Class]] 같은 특별한 내부 프로퍼티 때문에 오동작할 수 있다.
- 표준 클래스를 상속하는 대신 프로퍼티로 위임하라.

아이템 41

# 프로토타입을 세부 구현 사항처럼 처리하라

객체는 작고, 간단하고, 강력한 기능들의 모음을 사용자에게 제공한다. 사용자와 객체 간의 가장 기본적인 인터랙션은 프로퍼티를 가져오고 그 메서드들을 호출하는 것이다. 이런 동작들은 프로퍼티가 프로토타입 계층 어디에 속해 있는지 특별히 신경쓰지 않는다. 객체의 구현은 시간에 따라 진화하여 프로퍼티가 객체의 프로토타입 체인 중 다른 곳에 구현될 수 있지만, 그 값이 꾸준히 유지되는 한 이런 기본적인 동작은 동일하게 실행된다. 간단하게 말하면, 프로토타입은 객체 동작의 세부 구현 사항(implementation detail)이다.

동시에, 자바스크립트는 객체의 세부 사항을 검사하기 위한 편리한 자기 성찰 메커니즘을 제공한다. Object.prototype.hasOwnProperty 메서드는 프로퍼티가 객체가 직접 '소유한' 프로퍼티(즉, 인스턴스 프로퍼티)인지 프로토타입 계층을 완전히 무시하여 알아낸다. Object.getPrototypeOf와 __proto__ 기능(아이템 30 참고)은 객체의 프로토타입 체인을 돌아다닐 수 있게 해주고, 프로토타입 객체를 개별적으로 살펴볼 수 있게 해 준다. 이는 강력하고 편리한 기능들이다.

하지만 좋은 프로그래머는 추상의 한계선을 언제 지켜야 하는지 알고 있다. 세부 구현 사항을 검사하는 것은, 비록 그것을 수정하지 않더라도 프로그램 컴포넌트 간에 의존성을 만들게 된다. 객체를 만든 사람이 그 세부 구현 사항을 변경한다면, 이에 의존하는 사용자의 코드는 망가지게 될 것이다. 이런 종류의 버그는 특히 분석하기 어려운데, 멀리 떨어진 코드에서 동작하기 때문이다. 누군가 한 컴포넌트의 구현을 변경하면, (주로 다른 프로그래머가 작성한) 다른 컴포넌트는 오류를 발생하게 된다.

유사하게, 자바스크립트는 객체의 공개, 비공개 프로퍼티를 구분하지 않는다(아이템 35 참고). 대신에, 문서와 규칙을 따르는 건 여러분의 몫이다. 만약 라이브러리가 문서화되지 않은 객체를 제공하거나 특별히 내부적으로만 사용한다고 문서화한 프로퍼티를 가지는 객체를 제공한다면, 아마 사용자는 이런 프로퍼티를 쓰지 않고 내버려 두는 편이 훨씬 좋을 것이다.

**기억할 점**

- 객체는 인터페이스다. 프로토타입은 구현 세부 사항이다.
- 직접 제어하지 않는 객체의 프로토타입 구조를 검사하지 마라.
- 직접 제어하지 않는 객체의 내부를 구현하는 프로퍼티를 검사하지 마라.

아이템 42

# 무모한 몽키 패칭을 하지 마라

아이템 41에서 추상에 대한 위반 사항을 비난했다면, 이제 극단적인 위반 사항에 대해 고려해 보자. 프로토타입은 객체로서 공유되기 때문에, 누구든지 프로토타입을 추가, 삭제하거나 수정할 수 있다. 이 논란이 많은 예제는 일반적으로 몽키 패칭(monkey-patching)이라고 부른다.

몽키 패칭의 매력은 그 강력한 힘에 있다. 배열에 유용한 메서드가 없다면? 다음과 같이 직접 추가하면 된다.

```
Array.prototype.split = function(i) { // 대안 #1
    return [this.slice(0, i), this.slice(i)];
};
```

자 어떤가, 모든 배열 인스턴스는 split 메서드를 가지게 되었다.

하지만 다수의 라이브러리가 동일한 프로토타입을 호환되지 않는 방법으로 몽키 패칭한다면 문제가 발생한다. 다음과 같이 다른 라이브러리가 Array.prototype을 동일한 이름의 메서드로 몽키 패칭할 수도 있다.

```
Array.prototype.split = function() { // 대안 #2
    var i = Math.floor(this.length / 2);
    return [this.slice(0, i), this.slice(i)];
};
```

두 메서드 중 어떤 것을 기대하는지에 따라 배열의 split을 호출하는 모든 경우의 대략 50퍼센트가 망가질 확률을 지니게 된다.

최소한, Array.prototype 같이 공유된 프로토타입을 수정하는 모든 라이브러리는 명백하게 그 동작에 대해 문서화해야 한다. 이로 인해 최소한 사용자가 라이브러리 간에 발생할 수 있는 충돌에 대한 적절한 경고를 받을 수 있다. 그럼에도 불구하고, 프로토타입을 몽키 패칭한 두 라이브러리가 동일한 프로그램에서 사용될 수 있다. 대안 중 하나는 만약 하나의 라이브러리만이 편의를 위해 프로토타입을 몽키 패치한다면, 함수의 수정 사항에 대해 사용자가 호출하기를 선택하거나 무시하도록 제공해 줄 수 있다.

```javascript
function addArrayMethods() {
    Array.prototype.split = function(i) {
        return [this.slice(0, i), this.slice(i)];
    };
};
```

물론, 이 접근 방법은 라이브러리가 실제로는 Array.prototype.split에 의존하지 않는 addArrayMethods를 제공할 때만 동작한다.

이런 위험에도 불구하고, 신뢰성있고 매우 중요한 몽키 패칭의 특별한 한 가지 사용법이 있다. 바로 폴리필(polyfill)이다. 자바스크립트 프로그램과 라이브러리는 다른 회사가 만든 서로 다른 버전의 웹브라우저 같은 다양한 플랫폼에 배치된다. 이런 플랫폼들이 얼마나 많은 표준 API를 구현했는지는 서로 다를 수 있다. 예를 들어 ES5는 forEach, map, filter와 같은 새로운 Array 메서드를 정의하고 있지만, 어떤 버전의 브라우저들은 이런 메서드를 지원하지 않을 수 있다. 이런 메서드의 동작은 표준에 명세되어 있고 널리 지원되기 때문에, 많은 프로그램과 라이브러리들이 존재하지 않는 이런 메서드에 의존할 수도 있다. 그 동작이 표준화되어 있기 때문에, 이런 메서드들의 구현을 제공하는 것은 라이브러리 간의 호환성 문제를 똑같이 제기하지 않는다. 사실, 동일한 표준 메서드를 위한 구현을 여러 라이브러리가 제공할 수 있다(모두 올바르게 구현되었다고 가정하자). 모두 동일한 표준 API를 구현하기 때문이다.

다음과 같이 테스트를 통해 몽키 패칭을 방어하는 것으로 이런 플랫폼 간의 틈을 안전하게 메울 수 있다.

```javascript
if (typeof Array.prototype.map !== "function") {
    Array.prototype.map = function(f, thisArg) {
        var result = [];
        for (var i = 0, n = this.length; i < n; i++) {
            result[i] = f.call(thisArg, this[i], i);
        }
```

```
        return result;
    };
}
```

Array.prototype.map의 존재를 테스트하여 내장 구현이 있는지 확인하고, 존재한다면 아마도 더 효과적이고 더 잘 테스트된 구현일 것이기 때문에 덮어 쓰지 않는다.

**기억할 점**

- 무모한 몽키 패칭을 삼가하라.
- 라이브러리가 수행하는 모든 몽키 패칭에 대해 문서화하라.
- 몽키 패칭을 선택적으로 가능하도록, 노출된 함수에서 변경을 실행하게 만드는 것을 고려하라.
- 표준 API가 없는 경우에 폴리필을 제공하기 위해 몽키 패칭을 사용하라.

# 5장

# 배열과 딕셔너리

객체는 자바스크립트에서 가장 다재다능한 데이터 구조다. 객체는 상황에 따라, 고정된 이름-값으로 연관된 기록이나 상속된 메서드를 통한 객체 지향 데이터 추상, 밀집되어 있거나 드문드문한 배열, 해시 테이블을 표현할 수 있다. 자연스럽게, 이런 다목적의 도구를 마스터하기 위해서는 다양한 요구사항을 위한 여러 가지 관례들을 익힐 필요가 있다. 이전의 장에서는 구조화된 객체와 상속에 대해 익혔다. 이 장에서는 객체를 컬렉션으로써, 즉 여러 개의 요소로 구성된 종합 데이터 구조를 사용하는 방법에 대해서 파헤쳐 볼 것이다.

# 직접적인 객체의 인스턴스로
# 가벼운 딕셔너리를 만들어라

본질적으로 자바스크립트 객체는 문자열 프로퍼티의 이름을 값으로 매핑하는 테이블이다. 덕분에 객체는 딕셔너리, 즉 문자열을 값으로 매핑하는 다양한 크기로 구성될 수 있는 모음(collections)을 구현하는 데 매우 간편하게 사용할 수 있다. 또한 자바스크립트는 객체의 프로퍼티 명을 열거하기 위한 편리한 구조를 제공한다. 바로 for...in 반복문이다.

```
var dict = { alice: 34, bob: 24, chris: 62 };
var people = [];
for (var name in dict) {
    people.push(name + ": " + dict[name]);
}
people; // ["alice: 34", "bob: 24", "chris: 62"]
```

하지만 모든 객체는 그 prototype 객체의 프로퍼티들을 상속하고(4장 참고), for...in 반복문은 객체의 상속된 프로퍼티 또한 자신이 '소유한' 프로퍼티로 열거한다. 예를 들어, 만약 요소를 딕셔너리 객체 자신의 프로퍼티로 저장하는 사용자 정의 딕셔너리 클래스를 만든다면 어떤 일이 발생할까?

```
function NaiveDict() { }
NaiveDict.prototype.count = function() {
    var i = 0;
    for (var name in this) { // 모든 프로퍼티의 수를 센다.
        i++;
    }
    return i;
};
NaiveDict.prototype.toString = function() {
    return "[object NaiveDict]";
};
var dict = new NaiveDict();
dict.alice = 34;
```

```
dict.bob = 24;
dict.chris = 62;
dict.count(); // 5
```

문제는 NaiveDict 데이터 구조의 고정된 프로퍼티(count, toString)와 특정 딕셔너리(alice, bob, chris)의 변수 항목 모두를 저장하기 위해 동일한 객체를 사용한다는 점이다. 따라서 count가 딕셔너리의 프로퍼티를 열거할 때, 우리가 신경 쓰는 항목 대신에 모든 프로퍼티들(count, toString, alice, bob, chris)의 수를 세게 된다. 아이템 45에서는 요소를 인스턴스 프로퍼티로서 저장하지 않고, 대신에 dict.get(key)와 dict.set(key, value) 메서드를 제공하는 개선된 Dict 클래스를 다룰 것이다. 이번 아이템에서는 객체 프로퍼티를 딕셔너리의 요소로서 사용하는 패턴에만 집중한다.

비슷한 실수로 딕셔너리를 표현하기 위해 Array 타입을 사용하는 경우가 있다. 이는 펄이나 PHP 같이 딕셔너리를 흔히 '연관 배열'이라고 부르는 언어에 익숙한 프로그래머들이 특히 빠져들기 쉬운 함정이다. 속기 쉽게도, 모든 타입의 자바스크립트 객체에는 프로퍼티를 추가할 수 있기 때문에, 이런 방법의 패턴이 때로는 제대로 동작하는 것처럼 보이기도 한다.

```
var dict = new Array();
dict.alice = 34;
dict.bob = 24;
dict.chris = 62;
dict.bob; // 24
```

불행히도 이 코드는 프로토타입을 오염시킬 수 있다는 면에서 취약한데, 딕셔너리 항목을 열거할 때 프로토타입 객체의 프로퍼티가 예상치 않게 나타날 수 있기 때문이다. 예를 들어, 애플리케이션 내의 다른 라이브러리가 어떤 편리한 메서드를 다음과 같이 Array.prototype에 추가할 수도 있다.

```
Array.prototype.first = function() {
    return this[0];
};
Array.prototype.last = function() {
    return this[this.length-1];
};
```

이제 배열의 요소를 열거하려고 하면 어떤 일이 벌어지는지 살펴보자.

```
var names = [];
for (var name in dict) {
    names.push(name);
}
names; // ["alice", "bob", "chris", "first", "last"]
```

이는 객체를 가벼운 딕셔너리로써 사용해야 한다는 기본 규칙을 다시 일깨워 준다. 오직 Object의 직접적인 인스턴스를 딕셔너리로 사용하고, NaiveDict와 같은 하위 클래스나, 특히 배열을 사용하지 말아야 한다. 예를 들어, 이전 예제의 new Array()를 단순히 new Object()로 바꾸거나 빈 객체 리터럴로 교체할 수 있다. 이 결과, 다음과 같이 프로토타입 오염에 훨씬 덜 민감해진다.

```
var dict = {};
dict.alice = 34;
dict.bob = 24;
dict.chris = 62;
var names = [];
for (var name in dict) {
    names.push(name);
}
names; // ["alice", "bob", "chris"]
```

새로운 버전도 여전히 오염으로부터 안전함을 보장하지는 않는다. 누군가가 나타나서 Object.prototype에 프로퍼티를 추가할 수 있고 그렇게 되면 여전히 또다시 문제가 생길 것이다. 하지만 Object의 직접적인 인스턴스를 사용하면, 위험 요소를 Object.prototype에 국한시킬 수 있다.

그러면 조금 더 나은 해결 방법은 무엇일까? 아이템 47에서 설명할 테지만, for...in 반복문을 오염시킬 수 있기 때문에, 절대 Object.prototype에 프로퍼티를 추가하지 말아야 한다. 대조적으로, Array.prototype에는 프로퍼티를 추가하는 게 꼭 불합리하지만은 않다. 예를 들어, 아이템 42에서는 표준 메서드를 제공하지 않는 실행 환경에서 Array.prototype에 이를 추가하는 방법에 대해 설명하였다. 이런 프로퍼티들은 결국 for...in 반복문의 오염을 초래한다. 비슷하게도, 사용자 정의 클래스는 일반적으로 그 프로토타입에 프로퍼티들을 가진다. Object의 직접적인 인스턴스를 고수하면(그리고 항상 아이템 47의 규칙을 준수하면) for...in 반복문을 오염으로부터 막을 수 있다.

하지만 조심하라! 아이템 44와 45에서 증명하듯이, 이 규칙이 필요하기는 하지만 잘 동작하는 딕셔너리를 만들기 위한 충분 조건은 아니다. 가벼운 딕셔너리는 편리한 만큼 수많은 위험 요소를 안고 있다. 이 세 개의 아이템(아이템 44, 45, 46)을 모두 익히는 게 중요하다. 만약 이 규칙들을 외우고 싶지 않다면 아이템 45에서 설명할 Dict 클래스와 같은 추상을 사용하라.

**기억할 점**

- 객체 리터럴을 사용해 가벼운 딕셔너리를 만들어라.
- 가벼운 딕셔너리는 for...in 반복문 내에서의 프로토타입 오염을 막기 위해 Object. prototype의 직접적인 자손이어야만 한다.

아이템 44

# 프로토타입 오염을 막기 위해 null 프로토타입을 사용하라

프로토타입 오염을 피할 수 있는 가장 쉬운 방법 중 하나는, 우선 프로토타입을 오염시킬 수 없게 만드는 것이다. 하지만 ES5 이전에는 프로토타입이 비어 있는 새로운 객체를 만드는 표준적인 방법이 없다. 아마도 생성자의 prototype 프로퍼티를 null이나 undefined로 설정하려고 할 것이다.

```
function C() { }
C.prototype = null;
```

하지만 이 생성자로 인스턴스를 만들면 여전히 Object의 인스턴스를 갖게 된다.

```
var o = new C();
Object.getPrototypeOf(o) === null; // false
Object.getPrototypeOf(o) === Object.prototype; // true
```

ES5는 처음으로 프로토타입이 없는 객체를 만드는 표준적인 방법을 제공한다. Object.create 함수는 사용자가 지정한 프로토타입 연결과 새 객체의 프로퍼티 값과 속성을 기술하는 프로퍼티 디스크립터 맵을 통해 동적인 객체를 생성할 수 있게 해 준다. 단순히 null 프로토타입 인자와 빈 디스크립터 맵을 전달하면, 다음과 같이 진짜로 비어있는 객체를 만들 수 있다.

```
var x = Object.create(null);
Object.getPrototypeOf(o) === null; // true
```

이런 객체에는 프로토타입 오염이 어떠한 영향도 미칠 수 없을 것이다.

Object.create를 지원하지 않는 오래된 자바스크립트 실행 환경도 있으니, 다른 접근 방법에 대해 언급해야 할 것 같다. 많은 실행 환경에서, 특별한 프로퍼티 __proto__(아이템 31, 32 참고)는 객체의 내부 프로토타입을 연결하여 마법 같은 읽기/쓰기 기능을 제공한다. 객체 리터럴 문법 또한 새로운 객체의 프로토타입 연결을 null로 초기화할 수 있게 지원해 준다.

```
var x = { __proto__: null };
x instanceof Object; // false (비표준)
```

이 문법은 편리함면에서는 동등하지만, Object.create가 사용 가능한 곳에서는 Object.create를 사용하는 것이 더 신뢰할 만한 접근 방법이다. __proto__ 프로퍼티는 비표준이고, 모든 곳에서 사용할 수는 없다. 자바스크립트 구현체들이 나중에라도 반드시 __proto__를 지원한다고 보장하지는 않으므로, 가능하다면 Object.create 표준을 고수하여야 한다.

슬프게도, 비표준 __proto__를 몇 가지 문제를 해결하는 데 사용할 수는 있지만, 프로토타입이 없는 객체가 진정으로 견고한 딕셔너리 구현에 쓸 수 없도록 만드는, 그 자신의 부가적인 문제를 일으키기도 한다. 아이템 45에서는 몇몇 자바스크립트 실행 환경에서 프로퍼티 키 "__proto__" 자신이, 프로토타입을 가지지 않고도 어떻게 객체를 오염시키는지에 대해 설명할 것이다. 문자열 "__proto__"가 여러분의 딕셔너리에서 키로 절대 사용되지 않는다고 확신할 수 없다면, 아이템 45에서 설명할 더 견고한 Dict 클래스의 사용을 고려해 보아야 한다.

### 기억할 점

- ES5에서는, Object.create(null)을 사용해서 프로토타입이 없고 오염에 덜 민감한 빈 객체를 생성하라.
- 오래된 실행 환경에서는, { __proto__: null }의 사용을 고려하라.
- 하지만 __proto__가 비표준이고 이식성이 좋지 않으며 미래의 자바스크립트 환경에서 제거될 수 있다는 점에 주의하라.
- 딕셔너리의 키로 "__proto__" 라는 이름을 절대 사용하지 마라. 몇몇 실행 환경에서는 이 프로퍼티를 특별하게 처리할 수 있다.

# 프로토타입 오염을 막기 위해 asOwnProperty를 사용하라

아이템 43과 44에서는 프로퍼티 열거에 대해서 이야기했지만, 프로퍼티 탐색에서의 프로토타입 오염 이슈에 대해서는 언급하지 않았다. 우리가 만든 딕셔너리를 처리하기 위해 객체를 조작하는 자바스크립트의 기본 문법을 사용하려 할 수도 있다.

```
"alice" in dict; // 딕셔너리에 존재하는지 확인
dict.alice; // 가져오기
dict.alice = 24; // 갱신
```

하지만 자바스크립트 객체의 처리는 항상 상속으로 이뤄진다는 사실을 기억해야 한다. 빈 객체 리터럴조차도 Object.prototype의 수많은 프로퍼티들을 상속한다.

```
var dict = {};
"alice" in dict; // false
"bob" in dict; // false
"chris" in dict; // false
"toString" in dict; // true
"valueOf" in dict; // true
```

운 좋게도, Object.prototype은 hasOwnProperty 메서드를 제공한다. 이 메서드는 딕셔너리의 항목들을 테스트할 때 프로토타입 오염을 피할 수 있게 도와주는 도구다.

```
dict.hasOwnProperty("alice"); // false
dict.hasOwnProperty("toString"); // false
dict.hasOwnProperty("valueOf"); // false
```

유사하게 프로퍼티를 탐색할 때 테스트를 해서 오염을 막을 수 있다.

```
dict.hasOwnProperty("alice") ? dict.alice : undefined;
dict.hasOwnProperty(x) ? dict[x] : undefined;
```

불행하게도, 이것으로는 충분하지 않다. dict.hasOwnProperty를 호출할 때, dict의 hasOwnProperty 메서드를 찾는다. 보통 이 메서드는 단순히 Object. prototype에서 상속된다. 하지만 만약 딕셔너리 내에 "hasOwnProperty"라는 이름의 항목을 저장한다면, 프로토타입의 메서드에는 더 이상 접근할 수 없다.

```
dict.hasOwnProperty = 10;
dict.hasOwnProperty("alice");
// 오류: dict.hasOwnProperty는 함수가 아님
```

딕셔너리에 "hasOwnProperty" 같은 이상한 이름의 항목을 절대 저장하지 않을 거라고 생각할지도 모르겠다. 물론, 모든 주어진 프로그램의 컨텍스트에서 이런 시나리오가 일어나지 않을 거라 믿는 것은 여러분에게 달려 있다. 하지만 확실히, 일어날 수도 있는 일이다. 특히 외부 파일이나 네트워크 리소스 또는 사용자 인터페이스의 입력으로부터 딕셔너리의 항목을 채우고, 여러분의 제어하에 있지 않은 서드파티가 딕셔너리 내에 어떤 키를 사용할지 결정한다면 말이다.

가장 안전한 방법은 어떠한 가정도 하지 않는 것이다. hasOwnProperty를 딕셔너리의 메서드로써 호출하는 대신에, 아이템 20에서 설명한 것처럼 call 메서드를 사용할 수 있다. 우선 다음과 같이 hasOwnProperty 메서드를 잘 알고 있는 위치로 추출해 낸다.

```
var hasOwn = Object.prototype.hasOwnProperty;
```

혹은 더 간단하게 다음과 같이 할 수도 있다.

```
var hasOwn = {}.hasOwnProperty;
```

적절한 함수에 바인딩된 지역 변수를 가지게 되었으니, 함수의 call 메서드를 사용해 어떤 객체에서도 호출할 수가 있다.

```
hasOwn.call(dict, "alice");
```

이 방법은 수신자 객체의 hasOwnProperty 메서드가 오버라이딩되었는지와

상관없이 잘 동작한다.

```
var dict = {};
dict.alice = 24;
hasOwn.call(dict, "hasOwnProperty"); // false
hasOwn.call(dict, "alice"); // true
dict.hasOwnProperty = 10;
hasOwn.call(dict, "hasOwnProperty"); // true
hasOwn.call(dict, "alice"); // true
```

이 상용문을 탐색이 필요한 곳마다 삽입하지 않기 위해서, 하나의 데이터형 정의 안에 견고한 딕셔너리를 작성하기 위한 모든 기법을 캡슐화하여 넣을 수 있다. 다음과 같이 이 패턴을 Dict 생성자에 추상화시킬 수 있다.

```
function Dict(elements) {
    // 부가적인 초기 테이블을 허용
    this.elements = elements || {}; // 단순한 객체
}
Dict.prototype.has = function(key) {
    // 자신이 소유한 프로퍼티만
    return {}.hasOwnProperty.call(this.elements, key);
};
Dict.prototype.get = function(key) {
    // 자신이 소유한 프로퍼티만
    return this.has(key)
        ? this.elements[key]
        : undefined;
};
Dict.prototype.set = function(key, val) {
    this.elements[key] = val;
};
Dict.prototype.remove = function(key) {
    delete this.elements[key];
};
```

Dict.prototype.set의 구현을 보호하지 않았다는 점을 주목하라. 딕셔너리 객체에 키를 추가하면, Object.prototype에 동일한 이름의 프로퍼티가 있더라도 객체가 소유한 프로퍼티 중 하나의 요소가 되기 때문이다.

이 추상은 자바스크립트의 기본 객체 문법보다 더 견고하며 사용 편리성은 거의 비슷하다.

```
var dict = new Dict({
```

```
    alice: 34,
    bob: 24,
    chris: 62
});
dict.has("alice"); // true
dict.get("bob"); // 24
dict.has("valueOf"); // false
```

아이템 44의 내용을 상기해 보면, 몇몇 실행 환경에서 특수한 프로퍼티 이름 __proto__는 스스로의 오염 문제를 일으킬 수 있다. 어떤 실행 환경에서 __proto__ 프로퍼티는 단순히 Object.prototype에서 상속되므로, 빈 객체는 (다행히도) 진짜로 비어 있다.

```
var empty = Object.create(null);
"__proto__" in empty;
// false (몇몇 실행 환경에서)
var hasOwn = {}.hasOwnProperty;
hasOwn.call(empty, "__proto__");
// false (몇몇 실행 환경에서)
```

다른 실행 환경에서는, in 연산자만 true를 보이기도 한다.

```
ar empty = Object.create(null);
"__proto__" in empty; // true (몇몇 실행 환경에서)
var hasOwn = {}.hasOwnProperty;
hasOwn.call(empty, "__proto__"); // false (몇몇 실행 환경에서)
```

하지만 불행하게도, 어떤 실행 환경에서는 __proto__라는 인스턴스 프로퍼티가 있으면 영원히 모든 객체를 오염시키기도 한다.

```
var empty = Object.create(null);
"__proto__" in empty; // true (몇몇 실행 환경에서)
var hasOwn = {}.hasOwnProperty;
hasOwn.call(empty, "__proto__"); // true (몇몇 실행 환경에서)
```

즉, 실행 환경에 따라 다음 코드는 서로 다른 결과를 보일 수 있다.

```
var dict = new Dict();
dict.has("__proto__"); // ?
```

최대의 이식성과 안전을 위해, 모든 Dict 메서드에 "__proto__" 키를 위한 특별한 로직을 추가할 수 밖에 없고, 마침내 다음과 같이 더 복잡하지만 안전한 마지막 구현을 얻게 된다.

```
function Dict(elements) {
    // 부가적인 초기 테이블을 허용
    this.elements = elements || {}; // 단순한 객체
    this.hasSpecialProto = false; // "__proto__" 키를 가지는가?
    this.specialProto = undefined; // "__proto__" 엘리먼트
}
Dict.prototype.has = function(key) {
    if (key === "__proto__") {
        return this.hasSpecialProto;
    }
    // 자신이 소유한 프로퍼티만
    return {}.hasOwnProperty.call(this.elements, key);
};
Dict.prototype.get = function(key) {
    if (key === "__proto__") {
        return this.specialProto;
    }
    // 자신이 소유한 프로퍼티만
    return this.has(key)
         ? this.elements[key]
         : undefined;
};
Dict.prototype.set = function(key, val) {
    if (key === "__proto__") {
        this.hasSpecialProto = true;
        this.specialProto = val;
    } else {
        this.elements[key] = val;
    }
};
Dict.prototype.remove = function(key) {
    if (key === "__proto__") {
        this.hasSpecialProto = false;
        this.specialProto = undefined;
    } else {
        delete this.elements[key];
    }
};
```

이 구현은 실행 환경에서 __proto__를 어떤 식으로 처리하더라도 동작을 보장한다. __proto__라는 이름을 가지는 프로퍼티를 처리하지 않도록 피하기 때문이다.

```
var dict = new Dict();
dict.has("__proto__"); // false
```

**기억할 점**

- 프로토타입 오염을 막기 위해 hasOwnProperty를 사용하라.

- hasOwnProperty 메서드의 오버라이딩을 막기 위해 어휘적인 스코프와 call 메서드
  를 사용하라.

- 딕셔너리의 연산들을 본문 내용 중에 설명한 has-메서드 같은 hasOwnProperty 테
  스트 상용문(boilerplate code)을 포함한 클래스로 구현하는 것을 고려하라.

- "__proto__"가 키로 사용되는 것을 막기 위해 딕셔너리 클래스를 사용하라.

아이템 46

# 순서가 정해진 컬렉션에는 딕셔너리 대신 배열을 사용하라

직관적으로, 자바스크립트 객체는 순서가 없는 프로퍼티의 모음이다. 프로퍼티의 값을 가져오고 설정하는 것은 어떤 순서로도 동작해야 하며 동일한 결과를 가져야 하고 대략 비슷한 효율을 보인다. ECMAScript 표준은 프로퍼티를 저장하는 특별한 순서에 대한 어떠한 언급도 없으며, 이를 열거하는 방식에 대한 문제조차 아무런 얘기가 없다.

하지만 여기에는 문제점이 있다. for...in 반복문은 객체의 프로퍼티를 열거하기 위해 어떤 순서를 정해야만 한다. 그리고 표준에서는 자바스크립트 엔진이 그 순서를 자유롭게 선택할 수 있도록 했지만, 그 선택에 따라 프로그램의 동작이 미묘하게 달라질 수 있다. 흔한 실수의 예로, 다음과 같이 순서가 지정된 보고서를 만들 때 문자열과 값의 맵핑을 표현하기 위해 객체를 요구하는 API를 제공하는 경우를 들 수 있다.

```
function report(highScores) {
    var result = "";
    var i = 1;
    for (var name in highScores) { // 예측 불가능한 순서
        result += i + ". " + name + ": " +
        highScores[name] + "\n";
        i++;
    }
    return result;
}
report([{ name: "Hank", points: 1110100 },
        { name: "Steve", points: 1064500 },
        { name: "Billy", points: 1050200 }]);
// ?
```

서로 다른 실행 환경에서는 객체의 프로퍼티를 저장하고 열거하는 순서가 달라질 수 있기 때문에, 이 함수는 서로 다른 문자열을 반환하고, 어쩌면 '고득점'

보고서의 순서가 마구 뒤섞일 수도 있다.

프로그램이 객체 열거의 순서에 의존하는지 여부는 명백하지 않을 수 있다는 점을 유념하라. 다양한 자바스크립트 실행 환경에서 프로그램을 테스트하지 않는다면, for...in 반복문의 정확한 순서에 의하여 프로그램의 동작이 변경될 수 있다는 것을 알아차리지도 못할 수 있다.

데이터 구조 내의 항목들의 순서에 의존할 필요가 있다면, 딕셔너리 대신에 배열을 사용하라. 이전 예제의 report 함수 API가 다음과 같이 단일 객체 대신에 객체의 배열을 요구한다면, 어떤 자바스크립트 실행 환경에서도 완전히 예측 가능하게 동작할 것이다.

```javascript
function report(highScores) {
    var result = "";
    for (var i = 0, n = highScores.length; i < n; i++) {
        var score = highScores[i];
        result += (i + 1) + ". " +
                    score.name + ": " + score.points + "\n";
    }
    return result;
}
report([{ name: "Hank", points: 1110100 },
        { name: "Steve", points: 1064500 },
        { name: "Billy", points: 1050200 }]);
// "1. Hank: 1110100\n2. Steve: 1064500\n3. Billy: 1050200\n"
```

이 코드는 name과 points 프로퍼티를 가지는 객체로 된 배열을 받아서, 0부터 highScore.length - 1까지 정확한 순서로 예측 가능하게 요소들을 열거한다.

미묘한 순서 의존성을 설명하기 위한 중요한 예제 중 하나로 소수점 연산을 들 수 있다. 제목과 평점을 매핑하는 영화의 rating 딕셔너리가 있다고 가정해 보자.

```javascript
var ratings = {
    "Good Will Hunting": 0.8,
    "Mystic River": 0.7,
    "21": 0.6,
    "Doubt": 0.9
};
```

아이템 2에서 본 것처럼, 소수점 연산은 연산 순서에 미묘한 의존성을 초래할 수 있다. 다음과 같이 정의되지 않은 열거의 순서와 소수점 연산이 결합되면, 예측 불가능한 반복문이 될 수 있다.

```
var total = 0, count = 0;
for (var key in ratings) { // 예측 불가능한 순서
    total += ratings[key];
    count++;
}
total /= count;
total; // ?
```

알다시피, 인기 있는 자바스크립트 실행 환경들은 실제로 이 반복문을 다른 순서로 실행한다. 예를 들어, 어떤 실행 환경은 객체의 키들을 객체에 추가된 순서에 따라 효과적으로 계산하여 열거한다.

```
(0.8 + 0.7 + 0.6 + 0.9) / 4 // 0.75
```

다른 실행 환경에서는 잠재적인 배열 인덱스를 다른 키들보다 먼저 열거한다. 따라서 영화 "21"은 우연히 배열의 인덱스로 처리될 수 있는 이름을 가지기 때문에, 먼저 열거되고, 다음과 같은 결과를 낳게 된다.

```
(0.6 + 0.8 + 0.7 + 0.9) / 4 // 0.7499999999999999
```

이 경우에, 더 나은 표현 방법은 딕셔너리에 정수 값을 사용하는 것이다. 왜냐하면 정수의 덧셈은 어떤 순서로도 실행될 수 있기 때문이다. 다음과 같이, 순서에 민감한 나누기 연산을 반복문이 끝난 뒤 맨 마지막에 결정적으로 수행시킨다.

```
(8 + 7 + 6 + 9) / 4 / 10 // 0.75
(6 + 8 + 7 + 9) / 4 / 10 // 0.75
```

보통, for..in 반복문을 실행할 때는 수행하는 연산이 그 순서에 상관없이 동일하게 동작하는지 항상 주의해야 한다.

### 기억할 점

- for...in 반복문이 객체의 프로퍼티를 열거할 때 순서에 의존하지 않도록 하라.
- 딕셔너리 안의 데이터를 합한다면, 그 연산이 순서에 민감하지 않은지 확인하라.
- 순서가 정해진 컬렉션을 위해서는 딕셔너리 객체 대신 배열을 사용하라.

아이템 47

# Object.prototype에 열거 가능한 프로퍼티를 절대 추가하지 마라

for...in 반복문은 굉장히 편리하지만, 아이템 43에서 본 것처럼 프로토타입을 오염시키기 쉽다. for...in의 가장 일반적인 사용법은 딕셔너리의 요소를 열거하는 것이다. 만약 딕셔너리 객체에 for...in의 사용을 허용하기 원한다면, 공유된 Object.prototype에 열거할 수 있는 프로퍼티를 절대로 추가하지 마라. 이는 피할 수 없는 영향을 준다.

이 규칙은 큰 실망감을 안겨줄지도 모르겠다. Object.prototype에 편리한 메서드를 추가해서 갑자기 모든 객체가 공유할 수 있게 하는 이런 강력한 기능이 또 어디 있을까? 예를 들어, 만약 객체의 프로퍼티 이름을 배열로 생성해주는 allKey 메서드를 추가한다면 어떻게 될까?

```javascript
Object.prototype.allKeys = function() {
    var result = [];
    for (var key in this) {
        result.push(key);
    }
    return result;
};
```

슬프게도, 이 메서드는 그 자신의 결과마저 오염시킨다.

```javascript
({ a: 1, b: 2, c: 3 }).allKeys(); // ["allKeys", "a", "b", "c"]
```

물론, allKeys 메서드가 Object.prototype의 프로퍼티를 무시하도록 개선할 수도 있다. 하지만 자유는 책임을 필요로 하며, 폭넓게 공유된 프로토타입 객체에 가한 행위는 그 객체의 사용자에게 영향을 미친다. Object.prototype에 하나의 작은 프로퍼티를 추가하기만 해도, 누구든지 어디서든지 for...in 반복문을 사용할 수 없게 만든다.

약간 불편하지만, 궁극적으로 훨씬 더 협조적인 방법은 allKeys를 메서드가
아니라 함수로 정의하는 것이다.

```
allKeys(obj) {
    var result = [];
    for (var key in obj) {
        result.push(key);
    }
    return result;
}
```

하지만 Object.prototype에 프로퍼티를 추가하기 원한다면, ES5는 더 협조적
인 메커니즘을 제공한다. Object.defineProperty 메서드는 객체 프로퍼티를 그
속성에 대한 메타데이터와 함께 동시에 정의할 수 있게 해 준다. 예를 들어, 이전
의 예제에서 정의한 프로퍼티를 다음과 같이 enumerable 속성을 false로 지정
하여 for...in 반복문에서 보이지 않게 할 수 있다.

```
Object.defineProperty(Object.prototype, "allKeys", {
    value: function() {
        var result = [];
        for (var key in this) {
            result.push(key);
        }
        return result;
    },
    writable: true,
    enumerable: false,
    configurable: true
});
```

인정하건대, 이 코드는 길고 복잡하다. 하지만 이 버전은 모든 다른 Object의
인스턴스에 대한 for...in 반복문을 오염시키지 않는다는 확실한 이점이 있다.
  사실, 이 기법은 다른 객체에도 적용할 만하다. 언제든 for...in 반복문에서
보이고 싶지 않은 프로퍼티를 추가할 때, Object.defineProperty를 사용하면
좋다.

### 기억할 점

- Object.prototype에 프로퍼티를 추가하지 마라.

- Object.prototype에 메서드를 작성하는 대신 함수를 고려하라.

- Object.prototype에 프로퍼티를 추가한다면, ES5의 Object.defineProperty를 사용해서 열거할 수 없는 프로퍼티로 정의하라.

아이템 48

# 열거하는 동안 객체를 수정하지 마라

다음과 같이 소셜 네트워크에 회원 목록과, 각 회원들의 등록된 친구 목록이 있다고 가정해 보자.

```javascript
function Member(name) {
    this.name = name;
    this.friends = [];
}
var a = new Member("Alice"),
    b = new Member("Bob"),
    c = new Member("Carol"),
    d = new Member("Dieter"),
    e = new Member("Eli"),
    f = new Member("Fatima");
a.friends.push(b);
b.friends.push(c);
c.friends.push(e);
d.friends.push(b);
e.friends.push(d, f);
```

이 네트워크를 검색한다는 말은 곧 소셜 네트워크 그래프를 탐색한다는 뜻이다(그림 5.1 참고). 이는 주로 하나의 루트 노드로부터 시작하여 노드를 추가하고, 발견하고, 삭제하고, 노드에 접근하는 작업들의 모음으로 구현된다. 이런 탐색을 구현하기 위해 다음과 같이 하나의 for...in 반복문을 사용할 수 있다.

```javascript
Member.prototype.inNetwork = function(other) {
    var visited = {};
    var workset = {};
    workset[this.name] = this;
    for (var name in workset) {
        var member = workset[name];
        delete workset[name]; // 열거하는 동안 수정됨
        if (name in visited) { // 멤버에 다시 접근하지 않음
            continue;
```

**그림 5.1** 소셜 네트워크 그래프

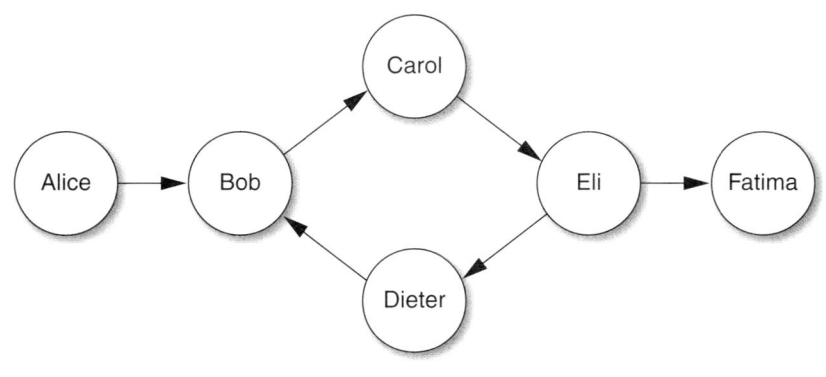

```
    }
    visited[name] = member;
    if (member === other) { // 찾았으면?
        return true;
    }
    member.friends.forEach(function(friend) {
        workset[friend.name] = friend;
    });
    }
    return false;
};
```

불행히도, 대부분의 자바스크립트 실행 환경에서 이 코드는 제대로 동작하지
않는다.

```
a.inNetwork(f); // false
```

어떻게 된 걸까? 실제로는, for...in 반복문은 열거되었을 때 현재의 수정 사항
을 유지하지 않는다. 사실, ECMAScript 표준은 다른 자바스크립트 실행 환경이
동시에 발생하는 수정 사항을 인정하여 서로 다르게 동작할 수 있는 여지를 남
겨 두었다. 특히 표준은 다음과 같이 기술한다.

객체를 열거하는 도중 새로운 프로퍼티가 이 객체에 추가된다면, 새롭게 추가
된 프로퍼티는 현재 열거에 포함됨을 보장하지 않는다.

이런 미(未)명세의 실제적인 결과로, 열거 중인 객체를 수정할 때 for...in 반복문의 예측 가능한 동작에 의존할 수 없게 된다.

그래프 탐색에 다른 시도를 해 보자. 이번에는 반복문을 직접 제어할 것이다. 그동안 우리가 프로토타입 오염을 피하기 위해 직접 작성한 딕셔너리 추상을 사용하자. 딕셔너리를 WorkSet 클래스 안에 위치시켜 현재 세트의 요소 개수를 추적할 수 있다.

```
function WorkSet() {
    this.entries = new Dict();
    this.count = 0;
}
WorkSet.prototype.isEmpty = function() {
    return this.count === 0;
};
WorkSet.prototype.add = function(key, val) {
    if (this.entries.has(key)) {
        return;
    }
    this.entries.set(key, val);
    this.count++;
};
WorkSet.prototype.get = function(key) {
    return this.entries.get(key);
};
WorkSet.prototype.remove = function(key) {
    if (!this.entries.has(key)) {
        return;
    }
    this.entries.remove(key);
    this.count--;
};
```

세트에서 임의의 요소를 선택하기 위해, Dict 클래스에 새로운 메서드가 필요하다.

```
Dict.prototype.pick = function() {
    for (var key in this.elements) {
        if (this.has(key)) {
            return key;
        }
    }
    throw new Error("empty dictionary");
```

```
};
WorkSet.prototype.pick = function() {
    return this.entries.pick();
};
```

이제 inNetwork를 간단한 while 반복문으로 구현하여, 임의의 요소를 한 번에 하나씩 선택하고 workset에서 제거한다.

```
Member.prototype.inNetwork = function(other) {
    var visited = {};
    var workset = new WorkSet();
    workset.add(this.name, this);
    while (!workset.isEmpty()) {
        var name = workset.pick();
        var member = workset.get(name);
        workset.remove(name);
        if (name in visited) { // 멤버에 다시 접근하지 않음
            continue;
        }
        visited[name] = member;
        if (member === other) { // 찾았으면?
            return true;
        }
        member.friends.forEach(function(friend) {
            workset.add(friend.name, friend);
        });
    }
    return false;
};
```

pick 메서드는 비결정론, 즉 하나의 예측 가능한 결과를 만들어 내는 수행이 언어의 시맨틱에 의해 보장되지 않는 예제다. 이 비결정론은 for...in 반복문이 서로 다른 자바스크립트 실행 환경(또는, 이 주의에 따르면 최소한 같은 실행 환경에서의 서로 다른 실행이더라도)에서 서로 다른 순서로 선택할 수 있음에 기인한다. 비결정론적인 코드는 프로그램에 예측 불가능한 요소를 만들어 내기 때문에 다루기가 까다롭다. 어떤 플랫폼에서는 통과하고, 다른 플랫폼에서는 실패할 수 있으며, 동일한 플랫폼에서라도 간헐적으로 실패할 수도 있다.

비결정론적인 소스 중 일부는 불가피하다. 랜덤 숫자 생성기는 예측 불가능한 결과를 생성해야만 한다. 또한 현재의 날짜와 시간을 확인하는 것은 항상 결과가 다르며, 마우스 클릭이나 키보드 입력 같은 사용자 액션에 응답하는 것도

사용자에 따라 다르게 동작할 필요가 있다. 하지만 프로그램의 어느 부분이 하나의 결과를 기대하는지, 또 어느 부분이 다양한 결과를 필요로 하는지는 확실히 해두는 것이 좋다.

이런 이유로 작업 설정(work-set) 알고리즘에 결정론적인 대안, 즉 작업 목록(work-list) 알고리즘을 고려해 볼 만하다.

```
Member.prototype.inNetwork = function(other) {
    var visited = {};
    var worklist = [this];
    while (worklist.length > 0) {
        var member = worklist.pop();
        if (member.name in visited) { // 다시 접근하지 않음
            continue;
        }
        visited[member.name] = member;
        if (member === other) { // 찾았으면?
            return true;
        }
        member.friends.forEach(function(friend) {
            worklist.push(friend); // 작업-목록에 추가
        });
    }
    return false;
};
```

이번 버전의 inNetwork는 항목들을 결정론적으로 추가하고 삭제한다. inNetwork 메서드는 어떤 경로로 찾아내든지 연결된 멤버에 항상 true를 반환하기 때문에, 최종 결과는 동일하다. 하지만 회원 간의 그래프를 통해 실제 경로를 만들어 내는 inNetwork의 변형과 같은 다른 메서드를 작성한다면 이런 방법을 적용하지 못할 수도 있다.


**기억할 점**

- for...in 반복문으로 객체의 프로퍼티를 열거하는 동안 객체를 수정하지 마라.
- 반복문 내에서 내용이 변경될 수 있는 객체를 반복할 때는 for...in 대신 while이나 전통적인 for 반복문을 사용하라.
- 데이터 구조가 변경될 수도 있는 열거에는, 딕셔너리 객체 대신에 배열 같은 순차적인 데이터 구조의 사용을 고려하라.

아이템 49

# 배열을 반복할 때 for...in 대신 for 반복문을 사용하라

이 코드에서 mean의 값은 무엇일까?

```
var scores = [98, 74, 85, 77, 93, 100, 89];
var total = 0;
for (var score in scores) {
    total += score;
}
var mean = total / scores.length;
mean; // ?
```

버그를 찾아낼 수 있나? 답이 88이라고 말한다면, 프로그램의 의도는 이해한 것이지만 실제 결과는 아니다. 이 프로그램은 숫자로 된 배열의 키와 값을 헷갈리는 너무나 쉬운 실수를 저질렀다. for...in 반복문은 항상 키를 열거한다. 그럴듯한 다음 대답은 $(0 + 1 + \ldots + 6) / 7 = 21$이 될 수 있지만, 역시나 틀렸다. 배열의 인덱싱된 프로퍼티일지라도 객체의 프로퍼티 키는 항상 문자열임을 기억하라. 따라서 += 연산자는 문자열 병합을 실행하게 되고, 의도치 않은 합계는 "00123456"이 된다. 최종 결과는? 믿기 어렵겠지만 mean 값은 17636.571428571428이다.

배열의 내용을 반복하기 위한 적절한 방법은 전통적인 for 반복문을 사용하는 것이다.

```
var scores = [98, 74, 85, 77, 93, 100, 89];
var total = 0;
for (var i = 0, n = scores.length; i < n; i++) {
    total += scores[i];
}
var mean = total / scores.length;
mean; // 88
```

이 방법은 필요한 정수형 인덱스와 배열 요소를 얻을 수 있고, 이 두 가지 인덱스와 배열 요소가 헷갈리지도 않으며, 기대하지 않은 문자열로의 강제 형변환도 발생시키지 않음을 보장해 준다. 게다가, 적절한 순서로 반복이 진행되며 배열 객체나 프로토타입에 저장된 정수가 아닌 프로퍼티를 우연히 포함하지 않음을 보장한다.

이전 예제의 반복문에서 배열의 length 변수 n을 사용했다는 점에 주목하라. 반복문의 본문이 배열을 수정하지 않는다면, 반복 동작은 동일하게 매 반복마다 배열의 길이를 단순히 재계산한다.

```
for (var i = 0; i < scores.length; i++) { ... }
```

여전히, 반복문 앞부분에서 배열의 길이를 한 번 계산하는 기법은 몇 가지 작은 장점들이 있다. 우선, 자바스크립트 컴파일러 최적화시에도 때로는 scores.length를 재계산하지 않는 것이 안전한지 증명하기가 어렵다. 하지만 더 중요한 것은, 이 방법은 코드를 읽는 사람에게 반복문의 종료 상태가 간단하고 고정되어 있음을 알려준다.

**기억할 점**

- 인덱스가 지정된 배열의 프로퍼티를 반복할 때는 항상 for...in 대신 for 반복문을 사용하라.
- 프로퍼티 검색을 재계산하지 않기 위해 배열의 length 프로퍼티를 반복문 앞에 지역변수로 저장하는 것을 고려하라.

아이템 50

# 반복문 대신 반복 메서드를 사용하라

좋은 프로그래머는 동일한 코드를 두 번 작성하는 것을 싫어한다. 동일한 상용문 코드(boilerplate code)를 복사하여 붙여넣는 것은 버그를 복제하고, 프로그램을 수정하기 어렵게 만들며, 프로그램에 반복되는 패턴을 쑤셔 넣고, 프로그래머가 계속해서 쓸데없이 시간을 낭비하게 만든다. 어쩌면 가장 나쁜 점은, 이런 반복 때문에 프로그램을 읽는 누군가가 한 패턴의 예제와 다른 패턴의 작은 차이를 쉽게 간과하게 된다는 것이다.

자바스크립트의 for 반복문은 꽤 간결하고 C, 자바, C#과 같은 다른 언어들과 확실히 유사하지만, 아주 작은 문법적인 변형을 통해 상당히 다른 동작을 허용한다. 프로그래밍에서 가장 악명 높은 버그 중 하나는 반복문의 종료 조건을 결정하는 작은 실수로부터 오는 결과다.

```
for (var i = 0; i <= n; i++) { ... }
// 부가적인 마지막 반복
for (var i = 1; i < n; i++) { ... }
// 첫 번째 반복을 빠뜨림
for (var i = n; i >= 0; i--) { ... }
// 부가적인 첫 번째 반복
for (var i = n -1; i > 0; i--) { ... }
// 마지막 반복 빠뜨림
```

이에 한 번 맞닥뜨려보자. 종료 조건은 지루하고 짜증나는 일이다. 완전히 망쳐버리는 조그마한 방법들이 너무 많다.

고맙게도, 자바스크립트의 클로저(아이템 11 참고)는 반복문의 헤더를 복사하여 붙여넣는 것으로부터 구해 줄, 반복문 추상을 위한 패턴을 만들기에 편리하고 표현적인 방법이다.

ES5는 가장 일반적인 패턴 중 몇몇을 위한 편리한 메서드를 제공한다. Array.

prototype.forEach는 가장 간단한 메서드 중 하나이다. 다음과 같이 작성하는 대신에

```
for (var i = 0, n = players.length; i < n; i++) {
    players[i].score++;
}
```

이렇게 작성할 수 있다.

```
players.forEach(function(p) {
    p.score++;
});
```

이 코드는 더 간결하고 가독성이 높을 뿐만 아니라, 종료 조건과 배열 인덱스를 모두 제거한다.

또 다른 일반적인 패턴은 별도의 배열의 각 요소에 어떤 일을 하는 새로운 배열을 만드는 것이다. 이 패턴은 다음과 같이 반복문으로 처리할 수 있다.

```
var trimmed = [];
for (var i = 0, n = input.length; i < n; i++) {
    trimmed.push(input[i].trim());
}
```

대안으로, forEach를 사용해서 이 같이 처리할 수도 있다.

```
var trimmed = [];
input.forEach(function(s) {
    trimmed.push(s.trim());
});
```

그런데 기존 배열로부터 새로운 배열을 만들어 내는 이 패턴은 매우 흔하기 때문에 ES5에서는 Array.prototype.map이라는 더 간단하고 우아한 메서드를 제공한다.

```
var trimmed = input.map(function(s) {
    return s.trim();
});
```

또 다른 일반적인 패턴은 현재 배열의 요소 중 일부만을 포함하는 새로운 배열을 계산하는 것이다. Array.prototype.filter는 이를 간단하게 처리해 준다.

Array.prototype.filter는 요소가 새로운 배열에 유지되어야 한다면 true 값을 반환하고, 요소를 버려야 한다면 false 값을 반환하는 단정 함수(predicate function)를 받는다. 예를 들어, 다음과 같이 가격 목록에서 특정 가격 범위 안에 있는 값만 추출할 수 있다.

```
listings.filter(function(listing) {
    return listing.price >= min && listing.price <= max;
});
```

물론 이 메서드들은 ES5에서 기본으로 사용 가능한 메서드들이다. 우리가 스스로 반복 추상을 정의하는 데에는 아무런 제약이 없다. 예를 들어, 배열에서 어떠한 단정 함수를 만족시키는 가장 긴 앞부분을 추출하는 패턴이 간혹 필요할 때가 있다.

```
function takeWhile(a, pred) {
    var result = [];
    for (var i = 0, n = a.length; i < n; i++) {
        if (!pred(a[i], i)) {
            break;
        }
        result[i] = a[i];
    }
    return result;
}
var prefix = takeWhile([1, 2, 4, 8, 16, 32], function(n) {
    return n < 10;
}); // [1, 2, 4, 8]
```

사용하거나 무시할지 여부를 선택할 수 있도록 배열 인덱스 i를 pred에 전달했다는 점에 주목하라. 사실, forEach, map, filter 같은 표준 라이브러리의 모든 반복 함수는 배열 인덱스를 사용자가 제공한 함수에 전달한다.

takeWhile을 Array.prototype에 추가하여 메서드로서 정의할 수도 있다 (Array.prototype 같은 표준 프로토타입의 몽키 패칭의 결과에 대한 논의에 대해서는 아이템 42를 참고하라).

```
Array.prototype.takeWhile = function(pred) {
    var result = [];
    for (var i = 0, n = this.length; i < n; i++) {
        if (!pred(this[i], i)) {
```

```
                break;
            }
            result[i] = this[i];
        }
        return result;
    };
    var prefix = [1, 2, 4, 8, 16, 32].takeWhile(function(n) {
        return n < 10;
    }); // [1, 2, 4, 8]
```

반복문이 반복 함수보다 좋은 점이 하나 있다. 바로 break나 continue 와 같은 비정상적인 제어 흐름을 처리할 때다. 예를 들어, forEach를 사용해 takeWhile을 구현하려고 하면 어색해진다.

```
function takeWhile(a, pred) {
    var result = [];
    a.forEach(function(x, i) {
        if (!pred(x)) {
            // ?
        }
        result[i] = x;
    });
    return result;
}
```

내부적인 예외를 사용해서 반복문을 중간에 종료할 수 있지만, 어색하고 비 효율적일 수 있다.

```
function takeWhile(a, pred) {
    var result = [];
    var earlyExit = {}; // 반복문을 종료시키는 신호로써 유일한 값
    try {
        a.forEach(function(x, i) {
            if (!pred(x)) {
                throw earlyExit;
            }
            result[i] = x;
        });
    } catch (e) {
        if (e !== earlyExit) { // earlyExit만 포착
            throw e;
        }
    }
    return result;
}
```

추상이 대체한 코드보다 더 장황하게 되어버리면, 배보다 배꼽이 더 크다는 뜻이라고 보면 된다.

대안으로, ES5의 배열 메서드인 some과 every 메서드를 이르게 종료되는 반복문으로 사용할 수 있다. 물론, 이 메서드들이 이런 목적을 위해 만들어진 것은 아니다. 이 메서드들의 동작은 단정 함수로 정의하고, 배열의 각 요소에 반복적으로 단정 함수 콜백을 적용한다. 특히, some 메서드는 그 콜백이 배열 요소 중 하나라도 true 값을 반환하는지 여부를 나타내는 불리언 값을 반환한다.

```
[1, 10, 100].some(function(x) { return x > 5; }); // true
[1, 10, 100].some(function(x) { return x < 0; }); // false
```

비슷하게, every 메서드는 그 콜백이 배열 요소 중 모두가 true 값을 반환하는지 여부를 나타내는 불리언 값을 반환한다.

```
[1, 2, 3, 4, 5].every(function(x) { return x > 0; }); // true
[1, 2, 3, 4, 5].every(function(x) { return x < 3; }); // false
```

두 메서드 모두 일반적으로 짧게 수행된다. some의 콜백 함수가 언제든 true 값을 만든다면, 더 이상의 요소를 처리하지 않고 곧바로 true를 반환한다. 유사하게, every의 콜백 함수가 false 값을 만들어 내면 즉시 false를 반환한다.

이런 동작 덕에 일찍 종료될 수 있는 forEach의 변형으로 사용하기 유용하다. 예를 들어, takeWhile을 다음과 같이 every 메서드로 구현할 수 있다.

```
function takeWhile(a, pred) {
    var result = [];
    a.every(function(x, i) {
        if (!pred(x)) {
            return false; // break
        }
        result[i] = x;
        return true; // continue
    });
    return result;
}
```

**기억할 점**

- 코드를 더 가독성 높게 만들고 loop 제어 로직의 복제를 막기 위해서 for 반복문 대신에 Array.prototype.forEach와 Array.prototype.map과 같은 반복 메서드를 사용하라.
- 표준 라이브러리가 제공하지 않는 공통적인 반복 패턴을 추상화하기 위해 사용자 정의 반복 함수를 사용하라.
- 이른 종료가 필요한 경우에는 전통적인 반복문이 여전히 유용한데, 이를 위한 대안으로 some과 every 메서드를 사용할 수도 있다.

# 유사 배열 객체에
# 범용적인 배열 메서드를 재사용하라

Array.prototype의 표준 메서드들은 Array로부터 상속되지 않은 객체더라
도 다른 객체들의 메서드처럼 재사용 가능하도록 설계되었다. 알고보면, 자바
스크립트에서는 이런 수많은 유사 배열 객체들이 여러 군데서 불쑥불쑥 나
타나곤 한다.

좋은 예제 중 하나로 아이템 20에서 설명했던 함수의 arguments 객체를 들
수 있다. 불행히도, arguments 객체는 Array.prototype을 상속하지 않기 때문
에, 단순히 개별 인자를 반복하기 위해 arguments.forEach를 호출할 수 없
다. 대신에, forEach 메서드 객체의 참조를 추출하고 그 call 메서드를 사용해
야만 한다(아이템 22 참고).

```javascript
function highlight() {
    [].forEach.call(arguments, function(widget) {
        widget.setBackground("yellow");
    });
}
```

forEach 메서드는 Function 객체인데, 이는 Function.prototype으로부터
call 메서드를 상속한다는 뜻이다. 이 덕분에 forEach 메서드를 호출할 때, 사용
자 정의 값(여기서는 arguments 객체)을 내부의 this 바인딩으로 지정할 수 있
고, 몇 개가 되었든 추가적인 인자들을 지정할 수 있다(여기서는 하나의 콜백 함
수만을 지정하였다). 달리 말해서, 이 코드는 정확히 원하는 대로 동작한다.

유사 배열 객체의 또 다른 예제로 웹 플랫폼에서 DOM의 NodeList 클래스를
들 수 있다. document.getElementsByTagName과 같은 연산은 웹 페이지에
질의하여 그 검색 결과로써 NodeList들을 만들어 낸다. arguments 객체와 비슷
하게, NodeList는 배열처럼 동작하지만 Array.prototype을 상속하지는 않는다.

그렇다면 무엇이 객체를 '배열과 비슷하게' 만드는 것일까? 배열 객체의 기본적인 조건으로 두 개의 간단한 규칙을 들 수 있다.

- 배열은 0부터 $2^{32}-1$까지 범위의 정수형 length 프로퍼티를 가진다.
- length 프로퍼티는 객체의 가장 큰 인덱스보다 더 큰 값을 가진다. 인덱스는 정수형이고 0부터 $2^{32}-2$까지 범위의 값이며 그 문자열 표현이 객체의 키 프로퍼티이다.

이 두 가지 규칙이 객체가 Array.prototype의 모든 메서드와 호환되도록 구현하기 위해 필요한 전부다. 다음과 같은 간단한 객체 리터럴도 유사 배열 객체를 만드는 데 사용될 수 있다.

```
var arrayLike = { 0: "a", 1: "b", 2: "c", length: 3 };
var result = Array.prototype.map.call(arrayLike, function(s) {
    return s.toUpperCase();
}); // ["A", "B", "C"]
```

문자열은 인덱싱될 수 있기 때문에 수정할 수 없는 배열처럼 동작하며, 그 길이는 length 프로퍼티로 접근할 수 있다. 따라서 배열을 수정하지 않는 Array.prototype 메서드들은 다음과 같이 문자열에도 사용할 수 있다.

```
var result = Array.prototype.map.call("abc", function(s) {
    return s.toUpperCase();
}); // ["A", "B", "C"]
```

배열의 동작 중 또 다른 두 가지 측면 덕분에, 자바스크립트 배열의 모든 동작을 시뮬레이션하기가 더 복잡하다.

- length 프로퍼티를 더 작은 값 n으로 설정하면 n보다 크거나 동일한 인덱스의 모든 프로퍼티들은 자동으로 삭제된다.
- length 프로퍼티의 수와 같거나 더 큰 인덱스의 프로퍼티를 추가하면 length 프로퍼티는 자동으로 n + 1로 설정된다.

두 번째 규칙은 특히 더 어려운 주문일 수 밖에 없는데, length 값을 자동으로 갱신하기 위해 인덱싱된 프로퍼티를 추가하는지 감시하도록 요구하기 때문이다. 고맙게도 이 두 가지 규칙 모두 Array.prototype 메서드를 사용하기 위한 목적으로써 반드시 필요하지는 않은데, 왜냐하면 이 둘 모두는 인덱싱된 프로퍼티를 추가하거나 삭제할 때마다 강제로 length 프로퍼티를 갱신하기 때문이다.

완전히 범용적으로 사용할 수 없는 Array 메서드는 배열 병합 메서드인 concat 뿐이다. 이 메서드는 모든 유사 배열 수신자 객체로 호출될 수 있지만, 인자들의 [[Class]]를 확인한다. 인자가 진짜 배열이라면 그 내용이 결과로 병합되지만, 그렇지 않으면 인자는 단일 요소로 추가된다. 이는, 예를 들어 다음과 같이 arguments 객체의 내용과 배열을 단순히 병합할 수 없다는 뜻이다.

```
function namesColumn() {
    return ["Names"].concat(arguments);
}
namesColumn("Alice", "Bob", "Chris");
// ["Names", { 0: "Alice", 1: "Bob", 2: "Chris" }]
```

concat 메서드가 유사 배열 객체를 진짜 배열처럼 처리하도록 확신하기 위해서는 직접 변환해 주어야 한다. 이런 변환을 위한 인기 있고 간결한 코딩 관례는 다음과 같이 slice 메서드를 그 유사 배열 객체에 호출하는 것이다.

```
function namesColumn() {
    return ["Names"].concat([].slice.call(arguments));
}
namesColumn("Alice", "Bob", "Chris");
// ["Names", "Alice", "Bob", "Chris"]
```

**기억할 점**

- 범용적인 Array 메서드들을 메서드 객체로 추출하고 call 메서드를 사용하여 유사 배열 객체에 재사용하라.
- 어떤 객체든 인덱싱된 프로퍼티와 적절한 length 프로퍼티를 가진다면 범용적인 Array 메서드를 사용할 수 있다.

아이템 52

# Array 생성자 대신 배열 리터럴을 사용하라

자바스크립트의 우아함은 객체, 함수, 배열 같은 자바스크립트 프로그램의 가장 흔한 빌딩 블록들을 위한 간결한 리터럴 문법들 덕을 보고 있다. 리터럴은 배열을 표현하기 위한 아주 매력적인 방법이다.

```
var a = [1, 2, 3, 4, 5];
```

혹은, Array 생성자를 대신 사용할 수도 있다.

```
var a = new Array(1, 2, 3, 4, 5);
```

하지만 미학적인 측면을 배제하더라도, Array 생성자는 몇 가지 문제점을 지닌다. 그 중 하나로, Array 변수를 다시 바인딩하지 않는지 확인해야 한다.

```
function f(Array) {
    return new Array(1, 2, 3, 4, 5);
}
f(String); // new String(1)
```

또한 전역 Array 변수를 누군가 수정하지 않았는지 반드시 확인해야 한다.

```
Array = String;
new Array(1, 2, 3, 4, 5); // new String(1)
```

또 한 가지 특별한 경우에 대해서도 조심해야 한다. Array 생성자를 숫자 하나의 인자로 호출하면 완전히 다르게 동작한다. 그 결과로 요소는 모두 비어 있고, 주어진 인자의 값을 length 프로퍼티에 설정한 배열이 만들어진다. 다시 말해, ["hello"]와 new Array("hello")는 동일하게 동작하지만, [17]과 new Array(17)은 결과가 완전히 달라진다.

배우기 어려운 규칙들은 아니지만, 배열 리터럴을 사용하는 쪽이 훨씬 더 명확하고 버그를 만들 우려가 적으며 더 일반적이고 일관된 시맨틱을 가진다.

**기억할 점**

- Array 생성자는 첫 번째 인자가 숫자일 때 다르게 동작한다.
- Array 생성자 대신에 배열 리터럴을 사용하라.

# 6장

# 라이브러리와 API 설계

모든 개발자는 한두 번쯤은 API 설계를 해 보았을 것이다. 어쩌면 또 다른 인기 있는 자바스크립트 라이브러리를 작성할 계획이 당장은 없을지도 모르겠다. 하지만 플랫폼 안에서 충분히 오랜 기간 동안 프로그래밍을 하게 된다면 일반적인 문제들을 해결하기 위한 나름의 해결책 목록을 갖게 되고, 언젠가는 재사용 가능한 유틸리티나 컴포넌트들을 개발하게 될 것이다. 비록 이것들을 독립적인 라이브러리로 릴리스하지 않더라도, 라이브러리 개발자로써 기술을 쌓아나가는 것은 더 나은 컴포넌트를 작성하는 데 도움이 될 것이다.

라이브러리를 설계하는 것은 어려운 일이고 과학이라고 부를 만큼 예술적이며 또한 엄청나게 중요하다. API는 개발자의 기본 어휘다. 잘 설계된 API는 사용자들(아마도 여러분 자신을 포함해서)이 프로그램을 명확하고, 간결하고, 명백하게 표현할 수 있게 해 준다.

아이템 53

# 일관된 컨벤션을 유지하라

API 사용자에게 함수 시그니처*와 이름으로 사용하는 컨벤션보다 더 광범위하게 영향을 미치는 몇 가지 결정 사항이 있다. 이 컨벤션들은 막대한 영향을 끼친다. 컨벤션은 그 API를 사용하는 애플리케이션의 기본적인 어휘와 코딩 관례를 수립한다. 라이브러리의 사용자는 이런 관례를 사용해서 읽고 쓰는 방법을 익혀야 하며, 이런 학습 프로세스를 가능한 쉽게 만드는 것이 여러분의 몫이다. 일관성이 없으면 어떤 컨벤션이 어떤 상황에 적용되는지 알기 어렵고 외우기도 힘들어지므로, 실제 작업보다 라이브러리의 문서를 찾아보는 데 더 많은 시간을 쓰게 된다.

핵심 컨벤션 중 하나는 인자의 순서다. 예를 들어, 사용자 인터페이스 라이브러리는 일반적으로 width나 height 같은 여러 개의 측정 값을 받아들인다. 사용자를 위해 항상 동일한 순서로 만드는 편이 좋다. 그리고 다른 라이브러리와 순서를 같게 하는 것도 좋은 방법이다. 거의 대부분의 라이브러리들은 width를 먼저 받고 height를 나중에 받는다.

```
var widget = new Widget(320, 240); // width: 320, height: 240
```

일반적인 관행과는 다르게 반드시 달라져야 할 필요가 없다면 친근한 방법을 유지하라. 만약 라이브러리를 웹을 위해서 만들었다면, 웹 개발자들이 일상적으로 다양한 언어(최소한 HTML, CSS, 자바스크립트)를 다룬다는 점을 기억하라. 일반적인 업무 흐름에서 사용하는 컨벤션과 다르게 만들어서 쓸모 없이 더

---

* (옮긴이) 함수 시그니처란 함수의 특징을 결정짓는 요소들을 의미하며, 자바스크립트에서의 함수 시그니처는 함수의 이름, 파라미터의 종류와 개수를 말한다.

힘들게 만들지 마라. 예를 들면, CSS가 사각형의 네 부분을 기술하기 위해 받는 파라미터는 top부터 시작해서 시계 방향(top, right, bottom, left)으로 선언되기를 요구한다. 따라서 유사한 API로 라이브러리를 작성할 때, 이 순서를 유지하는 편이 좋다. 사용자들은 반드시 고마워 할 것이다. 혹은 사용자들이 알아차리지도 못할 수 있다. 그렇다면 더 좋다! 하지만 표준 컨벤션에서 벗어난다면 사용자들은 반드시 알아차릴 것이다.

API가 옵션 객체(아이템 55 참고)를 사용한다면, 인자의 순서에 의존하지 않아도 된다. width/height 측정 값 같은 표준 옵션을 위해서 반드시 명명 규칙을 세심하게 선택해야 한다. 함수 시그니처 중 하나가 width와 height 옵션을 찾고, 다른 곳에서는 w와 h를 찾는다면, 사용자는 어떤 함수를 어디에 사용해야 할지 기억하기 위해 평생을 꾸준히 문서를 확인하게 될 것이다. 이와 비슷하게, 만약 Widget 클래스가 프로퍼티를 설정하기 위한 메서드를 가진다면, 이를 갱신하기 위한 메서드도 반드시 동일한 명명 규칙을 사용하는지 확인하라. 동일한 작업을 처리하기 위해 어떤 한 클래스는 setWidth라는 메서드를 사용하고 다른 클래스에서는 width라는 메서드를 사용할 이유는 전혀 없다.

모든 좋은 라이브러리는 문서도 빈틈없이 제공하지만, 최고의 라이브러리는 문서를 자전거의 보조 바퀴처럼 대한다. 사용자가 한번 익숙해지고 나면, 문서를 다시 확인하지 않고도 일반적인 작업을 처리할 수 있어야 한다. 일관된 컨벤션은 사용자가 전혀 찾아보지 않고서도 어떤 프로퍼티나 메서드가 사용 가능한지 추측할 수 있게 해 준다. 혹은 콘솔에서 이를 발견했을 때 이름만 보고도 그 동작을 추측 가능하게 해 준다.

### 기억할 점

- 변수 이름과 함수 시그니처에 일관된 컨벤션을 사용하라.
- 여느 개발 플랫폼에서 마주치기 쉬운 컨벤션과 다르게 설계하지 마라.

# undefined를 '값이 없는' 것처럼 처리하라

undefined 값은 특별하다. 자바스크립트는 제공할 구체적인 값이 없으면 항상
undefined를 만들어 낸다. 할당되지 않은 변수는 다음과 같이 undefined 값으
로 시작된다.

```
var x;
x; // undefined
```

객체에 존재하지 않는 프로퍼티에 접근하면 undefined 값을 반환한다.

```
var obj = {};
obj.x; // undefined
```

값 없이 return을 수행하거나 return 없이 함수 본문이 끝나면 undefined
값이 반환된다.

```
function f() {
    return;
}
function g() { }
f(); // undefined
g(); // undefined
```

실제 인자를 전달받지 않은 함수 파라미터도 undefined 값을 가진다.

```
function f(x) {
    return x;
}
f(); // undefined
```

어떤 상황에서도, undefined 값은 수행 결과가 구체적인 값을 가지지 않음을
나타낸다. 물론, '값이 없음을 뜻하는 값이라는 말이 약간 역설적이다. 하지만
모든 연산은 어떤 값을 만들어 내므로, 자바스크립트는 (말하자면) void를 채

우기 위해 undefined를 사용한다.

undefined를 구체적인 값이 없음을 나타내는 값으로 처리하는 것은 자바스크립트 자체에 수립된 컨벤션이다. 다른 목적으로 사용하는 것은 위험하다. 예를 들어, 사용자 인터페이스 엘리먼트의 라이브러리는 다음과 같이 배경색을 변경하기 위한 highlight 메서드를 제공할 수 있다.

```
element.highlight(); // 디폴트 색상 사용
element.highlight("yellow"); // 사용자 지정 색상 사용
```

임의의 색상을 요청할 방법을 제공하기 원한다면 어떻게 해야 할까? 이런 목적을 위해 특별한 값인 undefined 값을 사용할 수 있다.

```
element.highlight(undefined); // 임의의 색상을 사용한다.
```

하지만 이는 undefined의 일반적인 의미와는 조금 다르다. 이 방법은 다른 소스로부터 값을 가져올 때, 특히 값을 지정하지 않는 경우에 잘못된 동작을 알아차리기 쉽게 해 준다. 예를 들어, 프로그램에 부가적인 색상 설정을 포함하는 설정 객체를 사용할 수 있다.

```
var config = JSON.parse(preferences);
// ...
element.highlight(config.highlightColor); // 임의의 값이 될 수 있음
```

만약 preferences가 색상 값을 포함하지 않는다면, 개발자는 대부분 그저 어떤 값도 제공되지 않은 것처럼 디폴트 값을 기대할 것이다. 하지만 다른 목적에 맞게 변경된 undefined에 의해, 실제로는 이 코드가 임의의 색상을 생성하게 된다. 더 나은 방법으로는 API를 다음과 같이 임의의 경우를 위해 특별한 색상 이름 "random"을 사용할 수 있다.

```
element.highlight("random");
```

때로는 API가 함수에 전달된 특별한 문자열 값과 일반적인 문자열 값의 모음을 구별하여 선택하기가 불가능하다. 이런 경우에는 null이나 true 같은, undefined가 아닌 다른 특별한 값을 사용하면 된다. 하지만 이 방법으로 만들어진 코드는 가독성이 좋지 않을 수 있다.

```
element.highlight(null);
```

이 코드를 읽는 누군가가 여러분의 라이브러리에 열성적이어서 많은 것을 기억하고 있지 않다면, 이 코드는 꽤나 불분명하다. 사실, 이 코드에 대해 처음 추측할 때 강조를 제거한다고 생각할 수도 있다. 더 명시적이고 서술적인 옵션은 다음과 같이 임의의 경우를, random 프로퍼티를 가지는 객체로 표현하는 것이다(옵션 객체에 대한 더 많은 정보는 아이템 55를 참고하라).

```
element.highlight({ random: true });
```

부가적인 인자를 구현할 때에 undefined를 사용하는 것 또한 주의해야 한다. 이론적으로, arguments 객체(아이템 51 참고)는 인자가 전달되었는지 탐지할 수 있게 해주지만, 실제로는 undefined를 이용하면 더 견고한 API를 만들 수 있다. 예를 들어, 웹 서버는 다음과 같이 부가적으로 호스트 이름을 받을 수 있다.

```
var s1 = new Server(80, "example.com");
var s2 = new Server(80); // 디폴트로 "localhost"
```

Server 생성자는 다음과 같이 arguments.length를 확인하도록 구현될 수 있다.

```
function Server(port, hostname) {
    if (arguments.length < 2) {
        hostname = "localhost";
    }
    hostname = String(hostname);
    // ...
}
```

하지만 이 방법은 이전의 element.highlight 메서드와 비슷한 문제를 지닌다. 만약 프로그램이 설정 객체와 같이 다른 소스로부터 값을 요청해서 명시적인 인자를 제공한다면, 그 값은 undefined가 될 수도 있다.

```
var s3 = new Server(80, config.hostname);
```

config에 지정된 hostname 설정 값이 없다면, 일반적인 동작은 디폴트 값인 "localhost"를 사용한다. 하지만 이전의 구현은 마지막에 호스트 이름을 "undefined"로 지정하였다. 인자를 빼버리거나 인자의 표현식의 값이 undefined로 판명난다면 다음과 같이 undefined로 테스트하는 게 더 낫다.

```javascript
function Server(port, hostname) {
    if (hostname === undefined) {
        hostname = "localhost";
    }
    hostname = String(hostname);
    // ...
}
```

hostname이 true로 처리되는 값(아이템 3참고)을 가지는지 확인하는 것도 합리적인 대안이다. 다음과 같이 논리 연산자를 편리하게 사용할 수 있다.

```javascript
function Server(port, hostname) {
    hostname = String(hostname || "localhost");
    // ...
}
```

이 버전은 논리적인 OR 연산자(||)를 사용하는데, 첫 번째 인자가 true로 처리되는 값이면 그대로 리턴하고, 그렇지 않으면 두 번째 인자를 리턴한다. 따라서 hostname이 undefined이거나 빈 문자열이라면, 표현식(hostname || "localhost")은 "localhost"로 평가된다. 보통 이런 방법은 undefined 테스트보다 기술적으로 테스트하는데, 모든 false로 처리되는 값을 undefined과 동일하게 처리한다. 빈 문자열은 유효한 호스트 이름이 아니기 때문에 Server에서는 이런 방법을 수용할 만하다. 따라서, 모든 false로 처리되는 값을 디폴트 값으로 강제 형변환하는 더 느슨한 API가 괜찮다면, true로 처리되는 값을 테스트하는 이 방법은 파라미터의 디폴트 값을 구현하는 간결한 방법이다.

하지만 조심하라. 트루시니스를 테스트하는 기법이 항상 안전하지는 않다. 만약 함수가 올바른 값으로 빈 문자열을 받아들여야 한다면, true로 처리되는 값을 테스트하는 동안 빈 문자열을 덮어쓰고 그 값을 디폴트 값으로 교체하게 될 것이다. 비슷하게, 숫자를 받아들이는 함수가 만약 0(또는 비록 덜 일반적이지만 NaN)을 수용한다면, true로 처리되는 값 테스트를 사용하지 말아야 한다.

예를 들어, 사용자 인터페이스 엘리먼트를 만드는 함수는 엘리먼트의 width

나 height가 0이도록 허용하면서 다른 디폴트 값을 제공할 수도 있다.

```
var c1 = new Element(0, 0); // width: 0, height: 0
var c2 = new Element(); // width: 320, height: 240
```

이런 예제에서 트루시니스를 테스트하는 구현은 버그를 포함할 것이다.

```
function Element(width, height) {
    this.width = width || 320; // 잘못된 테스트
    this.height = height || 240; // 잘못된 테스트
    // ...
}
var c1 = new Element(0, 0);
c1.width; // 320
c1.height; // 240
```

대신에, undefined를 테스트하기 위해 조금 더 장황한 테스트 문을 사용해야
한다.

```
function Element(width, height) {
    this.width = width === undefined ? 320 : width;
    this.height = height === undefined ? 240 : height;
    // ...
}
var c1 = new Element(0, 0);
c1.width; // 0
c1.height; // 0
var c2 = new Element();
c2.width; // 320
c2.height; // 240
```

**기억할 점**

- 특정 값이 존재하지 않는다는 사실을 표현하는 경우를 제외하고는 undefined의 사용을 삼가하라.
- 애플리케이션에 특화된 플래그 값을 표현하기 위해서 undefined나 null보다는 서술적인 문자열 값이나 이름이 지정된 불리언 프로퍼티를 가지는 객체를 사용하라.
- 파라미터에 디폴트 값을 제공하기 위해 arguments.length를 확인하는 대신에 undefined를 테스트하라.
- 유효한 인자로 0, NaN, 빈 문자열을 허용하는 함수에는, 파라미터의 디폴트 값을 위해 트루시니스를 테스트하는 방법을 사용하지 마라.

# 키워드 인자를 위해
# 옵션 객체를 받아들여라

아이템 53에서 제안한 것처럼 인자 순서에 일관된 컨벤션을 유지해야만 개발자가 함수 호출에 사용되는 인자의 의미를 기억하는 데 도움을 줄 수 있다. 이는 일반적으로는 적용되지만 몇 개의 인자를 넘어서 단순히 확장되지는 않는다. 다음과 같은 함수 호출을 이해하기 쉽게 만들어 보자.

```javascript
var alert = new Alert(100, 75, 300, 200,
                      "Error", message,
                      "blue", "white", "black",
                      "error", true);
```

여러분 모두가 이런 API를 본 적이 있을 것이다. 이런 API는 인자 증식의 결과로 흔히 볼 수 있는데, 함수가 처음에는 간단하게 만들어졌지만 시간이 흘러 라이브러리의 기능이 확장됨에 따라 함수 시그니처가 더욱 더 많은 인자를 필요하게 된 것이다.

운좋게도, 자바스크립트는 더 많은 인자를 필요로 하는 큰 함수 시그니처에 잘 동작하는 간단하고, 가벼운 코딩 관례를 제공한다. 바로 옵션(options) 객체다. 옵션 객체는 하나의 인자이며, 그 객체에 이름이 지정된 프로퍼티를 통해 부가적인 인자 데이터를 제공한다. 객체 리터럴 형식을 통해 특히 읽고 쓰기가 쉬워진다.

```javascript
var alert = new Alert({
    x: 100, y: 75,
    width: 300, height: 200,
    title: "Error", message: message,
    titleColor: "blue", bgColor: "white", textColor: "black",
    icon: "error", modal: true
});
```

이 API는 조금 더 장황하지만, 확실히 더 읽기 쉽다. 각 인자는 스스로 문서화가 된다. 각 인자의 역할을 설명하기 위한 코멘트가 필요 없다. 프로퍼티 이름이 완벽하게 스스로를 설명해 주기 때문이다. 이런 특징은 modal과 같은 불리언 파라미터에 특히 유용하다. 누군가 new Alert 호출 코드를 읽는다면 그 내용을 통해 문자열 인자의 목적을 추론할 수 있을 테지만, 아무런 설명도 없는 true나 false 값은 특별한 정보를 주지 않기 때문이다.

options 객체의 또 다른 이점은 어떤 인자도 부가적으로 적용될 수 있고, 호출자는 부가적인 인자의 어떤 부분 집합도 제공할 수 있다는 점이다. 보통의 인자(때로는 위치와 연관된 인자로도 부르는데, 이름으로 구분되는 게 아니라 인자 목록 내의 위치에 따라 구분되기 때문이다)를 사용하면, 부가적인 인자는 흔히 애매함을 증가시킨다. 예를 들어, Alert 객체의 위치와 크기 모두를 부가적으로 받고 싶다면, 다음과 같은 함수 호출을 어떻게 해석해야 할지 명확하지 않다.

```
var alert = new Alert(app,
                      150, 150,
                      "Error", message,
                      "blue", "white", "black",
                      "error", true);
```

처음 두 숫자 값이 x, y 좌표를 뜻하는 걸까? 아니면 너비와 높이 값을 뜻하는 인자일까? 옵션 객체로는 이런 질문이 필요 없다.

```
var alert = new Alert({
    parent: app,
    width: 150, height: 100,
    title: "Error", message: message,
    titleColor: "blue", bgColor: "white", textColor: "black",
    icon: "error", modal: true
});
```

전통적으로 옵션 객체는 부가적인 인자를 독점적으로 유지하기 때문에, 심지어 객체 전체를 생략할 수도 있다.

```
var alert = new Alert(); // 모든 디폴트 파라미터 값을 사용한다.
```

만약 한두 개의 필수 인자가 필요하다면, 이들을 옵션 객체와 분리하여 유지하는 편이 더 좋다.

```
var alert = new Alert(app, message, {
    width: 150, height: 100,
    title: "Error",
    titleColor: "blue", bgColor: "white", textColor: "black",
    icon: "error", modal: true
});
```

옵션 객체를 받는 함수를 구현하려면 할 일이 좀더 많아진다. 전체적인 구현은 다음과 같다.

```
function Alert(parent, message, opts) {
    opts = opts || {}; // 빈 옵션 객체의 디폴트 값
    this.width = opts.width === undefined ? 320 : opts.width;
    this.height = opts.height === undefined
                ? 240
                : opts.height;
    this.x = opts.x === undefined
            ? (parent.width / 2) - (this.width / 2)
            : opts.x;
    this.y = opts.y === undefined
            ? (parent.height / 2) - (this.height / 2)
            : opts.y;
    this.title = opts.title || "Alert";
    this.titleColor = opts.titleColor || "gray";
    this.bgColor = opts.bgColor || "white";
    this.textColor = opts.textColor || "black";
    this.icon = opts.icon || "info";
    this.modal = !!opts.modal;
    this.message = message;
}
```

구현은 || 연산자를 사용하여(아이템 54 참고) 디폴트인 빈 옵션 객체를 제공하면서 시작한다. 0이 유효한 값이지만 디폴트가 아니기 때문에 아이템 54의 내용처럼 undefined 값을 위한 숫자 인자 테스트를 한다. 문자열 파라미터를 위해서는 논리적인 OR을 사용하는데, 빈 문자열을 유효하지 않은 값으로 가정하고 디폴트 값으로 교체되도록 한다. modal 파라미터는 이중 부정 패턴(!!)을 사용해서 불리언 값으로 그 인자를 강제 형변환한다.

이 코드는 위치와 연관된 인자로 처리하는 방법보다는 약간 더 장황하다. 이

제, 사용자를 더 편하게 해주기 위해 라이브러리를 사용할 만한 가치가 있다. 하지만 객체 확장이나 함수 병합 같은 유용한 추상을 통해 더 쉽게 처리할 수 있다. 많은 자바스크립트 라이브러리와 프레임워크는 확장 함수를 제공하는데, 목적 객체와 소스 객체를 받아 소스 객체의 프로퍼티들을 목적 객체에 복사해 준다. 이러한 유틸리티의 가장 유용한 애플리케이션 중 하나는 디폴트 값과 옵션 객체로 사용자가 제공한 값을 병합하는 로직을 추상화하는 것이다. extend를 이용해서, Alert 함수를 조금 더 깔끔하게 바꿀 수 있다.

```javascript
function Alert(parent, message, opts) {
    opts = extend({
        width: 320,
        height: 240
    });
    opts = extend({
        x: (parent.width / 2) - (opts.width / 2),
        y: (parent.height / 2) - (opts.height / 2),
        title: "Alert",
        titleColor: "gray",
        bgColor: "white",
        textColor: "black",
        icon: "info",
        modal: false
    }, opts);
    this.width = opts.width;
    this.height = opts.height;
    this.x = opts.x;
    this.y = opts.y;
    this.title = opts.title;
    this.titleColor = opts.titleColor;
    this.bgColor = opts.bgColor;
    this.textColor = opts.textColor;
    this.icon = opts.icon;
    this.modal = opts.modal;
}
```

이렇게 하면 각 인자가 존재하는지 확인하는 로직을 계속해서 재구현하지 않아도 된다. extend를 두 번 호출한 것에 주목하라. x와 y의 디폴트 값이 처음 width와 height 값을 계산한 값에 의존하기 때문이다.

옵션 객체가 하는 동작이 this로 복사하는 것 뿐이라면 다음과 같이 조금 더 깔끔하게 만들 수 있다.

```
function Alert(parent, message, opts) {
    opts = extend({
        width: 320,
        height: 240
    });
    opts = extend({
        x: (parent.width / 2) - (opts.width / 2),
        y: (parent.height / 2) - (opts.height / 2),
        title: "Alert",
        titleColor: "gray",
        bgColor: "white",
        textColor: "black",
        icon: "info",
        modal: false
    }, opts);
    extend(this, opts);
}
```

프레임워크에 따라 extend의 구현이 다르겠지만, 일반적으로 구현 방법은
다음과 같이 소스 객체의 프로퍼티를 열거하고 목적 객체의 해당 프로퍼티가
undefined가 아니라면 복사한다.

```
function extend(target, source) {
    if (source) {
        for (var key in source) {
            var val = source[key];
            if (typeof val !== "undefined") {
                target[key] = val;
            }
        }
    }
    return target;
}
```

Alert의 원본 버전과 extend를 사용한 구현의 차이가 적다는 점에 주목하라.
그 중 하나로, 첫 번째 버전에서는 필요하지 않을 경우에, 디폴트 값을 계산하
는 조건적인 로직을 계산하지 않도록 했다. 디폴트 값을 계산하는 것이 일반적
인 경우처럼 사용자 인터페이스를 변경하거나 네트워크 요청을 보내는 등의 부
작용이 없다면 전혀 문제가 되지 않는다. 또 다른 차이점은 어떤 값이 전달되었
는지 조사하는 로직 안에 있다. 첫 번째 버전에서는, 다양한 문자열 인자를 위해
빈 문자열을 undefined와 같이 처리했다. 하지만 undefined를 인자를 빠뜨린

경우로만 처리하는 것이 더 일관적이다. || 연산자를 사용하는 게 더 편리하지만, 디폴트 파라미터 값을 제공하기 위한 일관성은 더 떨어진다. 일관성은 라이브러리 설계의 좋은 목표다. 왜냐하면 API 사용자의 예측 가능성을 더 높혀주기 때문이다.

### 기억할 점

- API를 가독성이 좋고 기억하기 좋게 만들기 위해 옵션 객체를 사용하라.
- 옵션 객체로 전달되는 인자 모두는 반드시 부가적으로 처리되어야 한다.
- extend 유틸리티 함수를 사용해 옵션 객체에서 값을 추출하는 로직을 추상화하라.

# 불필요한 상태 유지를 피하라

API는 때로 상태 유지(stateful) 또는 무상태(stateless)로 분류된다. 무상태 API
는 그 동작이 프로그램의 상태 변화에 의존하지 않고 입력 값에만 의존하는 함
수나 메서드를 제공한다. String의 메서드들은 무상태다. 문자열의 내용은 수정
될 수 없고, 메서드들은 문자열의 내용과 메서드에 전달된 인자에만 의존한다.
프로그램 내에서 어떤 다른 일이 일어나든 간에, 표현식 "foo".toUpperCase()는
항상 "FOO" 값을 만들어 낸다. 반면, Date 객체의 메서드들은 상태 유지 API다.
동일한 Date 객체의 toString 메서드는 Date의 프로퍼티가 다양한 설정 메서드
들로부터 수정됨에 따라 그에 의존하여 다른 결과를 만들어 낸다.

상태가 때로는 반드시 필요하지만 무상태 API가 더 익히고 사용하기 쉬우며,
스스로 문서화되고 오류를 만들 가능성도 덜한 편이다. 유명한 무상태 API는
웹의 Canvas 라이브러리다. Canvas 라이브러리는 그 표면에 여러 모양과 이미
지를 그리기 위한 메서드를 포함하는 사용자 인터페이스 엘리먼트를 제공한다.
프로그램은 fillText 메서드를 사용해 캔버스에 글자를 그릴 수 있다.

```
c.fillText("hello, world!", 75, 25);
```

이 메서드는 그릴 문자열과 캔버스 내의 위치를 제공한다. 하지만 그려진 텍
스트의 다른 속성들, 즉 색상, 투명도, 글자 스타일과 같은 것들을 지정하지는
않는다. 이런 모든 속성들은 캔버스의 내부 상태에 별도로 지정된다.

```
c.fillStyle = "blue";
c.font = "24pt serif";
c.textAlign = "center";
c.fillText("hello, world!", 75, 25);
```

상태 유지를 덜 하는 버전의 API는 다음과 같은 형태가 될 것이다.

```
c.fillText("hello, world!", 75, 25, {
    fillStyle: "blue",
    font: "24pt serif",
    textAlign: "center"
});
```

왜 이 방법이 더 선호될까? 첫째로, 깨질 염려가 훨씬 적다. 상태 유지 API는 무엇이든 사용자 정의 동작을 위해 캔버스 내부의 상태를 변경해야 하고, 이런 변경은 비록 서로 전혀 관계가 없더라도 한 번의 그리기 동작이 다른 동작에 영향을 미치게 한다. 예를 들어, 디폴트 채우기 스타일은 검은색이다. 하지만 누구도 디폴트 값을 이미 변경하지 않았다는 사실을 아는 경우에만 디폴트 값을 가져올 수 있다고 확신할 수 있다. 만약 디폴트 색상을 변경한 뒤 이를 사용하여 그리기 연산을 수행하기 원한다면, 반드시 디폴트 값을 명시적으로 지정해주어야 한다.

```
c.fillText("text 1", 0, 0); // 디폴트 색상
c.fillStyle = "blue";
c.fillText("text 2", 0, 30); // 파랑
c.fillStyle = "black";
c.fillText("text 3", 0, 60); // 다시 검정
```

이 API와 자동으로 디폴트 값을 재사용할 수 있게 해주는 무상태 API를 비교해 보자.

```
c.fillText("text 1", 0, 0); // 디폴트 색상
c.fillText("text 2", 0, 30, { fillStyle: "blue" }); // 파랑
c.fillText("text 3", 0, 60); // 디폴트 색상
```

각각의 실행에서 얼마나 가독성이 높아졌는지 주목하라. fillText의 개별적인 호출이 어떻게 동작하는지 이해하기 위해서, 이미 행해진 수정 사항을 모두 이해할 필요가 없다. 사실, 캔버스는 완전히 분리된 프로그램의 어떤 부분에서 수정되었을 수도 있다.

어디선가 쓰여진 코드의 한 부분이 캔버스의 상태를 변경하는 다음과 같은 상황은 버그를 만들어 내기 쉽다.

```
c.fillStyle = "blue";
```

```
drawMyImage(c); // drawMyImage가 c를 변경했을까?
c.fillText("hello, world!", 75, 25);
```

마지막 줄에서 어떤 일이 일어났는지 이해하기 위해서, drawMyImage가 캔버스에 어떤 수정을 가했는지 반드시 알아야 한다. 무상태 API는 더 모듈화된 코드를 만들어 낸다. 따라서 코드의 여러 부분들이 예기치 않게 서로 상호작용하여 생기는 버그를 막아주고, 동시에 코드를 더 읽기 쉽게 만들어 준다.

또한 상태 유지 API는 더 배우기 어렵다. fillText를 이해하기 위해 문서를 읽을 때, 캔버스의 상태 중 어떤 측면이 그리기에 영향을 끼치는지 알아차릴 수 없다. 설사 그 중 일부가 추측하기 쉬울지 몰라도, 비전문가라면 정확하게 모든 필요한 상태를 초기화했는지 알기가 어렵다. 물론 fillText의 문서에 철저한 목록을 제공할 수도 있긴 하다. 이 경우 상태 유지 API가 필요할 때에는 반드시 상태 의존성을 주의 깊고 확실하게 문서화해야 한다. 하지만 무상태 API는 이런 암묵적인 의존성을 모두 제거할 수 있기 때문에, 첫 부분에 추가적인 문서를 작성할 필요가 없다.

무상태 API의 또 다른 이점은 바로 간결함이다. 상태 유지 API는 그 메서드를 호출하기 전에 단지 객체의 내부 상태를 지정하기 위한 부가적인 선언을 급격하게 늘리는 경향이 있다. INI 설정 파일 포맷을 위한 파서가 있다고 간주해 보자. 예를 들면, 간단한 INI 파일은 다음과 같은 형식일 것이다.

```
[Host]
address=172.0.0.1
name=localhost
[Connections]
timeout=10000
```

이런 종류의 데이터를 위한 API의 한 가지 접근 방법은 get 메서드로 설정 파라미터를 검색하기 전에 구역을 선택하는 setSection 메서드를 제공하는 것이다.

```
var ini = INI.parse(src);
ini.setSection("Host");
var addr = ini.get("address");
var hostname = ini.get("name");
ini.setSection("Connection");
var timeout = ini.get("timeout");
```

```
var server = new Server(addr, hostname, timeout);
```

반면 무상태 API에서는, 구역을 업데이트하기 전에 추출한 데이터를 저장하기 위해 addr이나 hostname 같은 추가적인 변수를 생성할 필요가 없다.

```
var ini = INI.parse(src);
var server = new Server(ini.Host.address,
                        ini.Host.name,
                        ini.Connection.timeout);
```

구역을 한 번 명시적으로 만들고 나서, ini 객체를 간단하게 딕셔너리로 표현하고 각 구역도 딕셔너리로 표현하여, API가 얼마나 더 간단해졌는지 주목하라. (딕셔너리 객체에 대해서는 5장을 참고하라.)

### 기억할 점

- 가능하면 무상태 API를 사용하라.
- 상태 유지 API를 제공할 때는, 각 연산이 의존하는 관련된 상태에 대해 문서화하라.

아이템 57

# 유연한 인터페이스를 위해
# 구조화된 형식을 사용하라

위키를 만들기 위한 라이브러리를 상상해 보자. 웹사이트는 사용자가 상호작용하여 만들고, 삭제하고, 수정할 수 있는 콘텐츠를 포함한다. 많은 위키는 콘텐츠를 생성하기 위한 간단한, 텍스트 기반의 마크업 언어를 지원한다. 이런 마크업 언어는 일반적으로 HTML의 사용 가능한 기능의 부분집합을 더 간단하고 더 읽기 쉬운 소스 포맷으로 제공한다. 예를 들어, 텍스트는 별표(*)로 감싸 굵은 글씨로, 밑줄 기호(_)로 밑줄을, 슬래시로(/) 기울임을 포매팅한다. 사용자는 텍스트를 다음과 같이 입력할 수 있다.

```
This sentence contains a *bold phrase* within it.
This sentence contains an _underlined phrase_ within it.
This sentence contains an /italicized phrase/ within it.
```

사이트는 위키를 보는 사람에게 콘텐츠를 다음과 같이 표시한다.

```
This sentence contains a bold phrase within it.
This sentence contains an underlined phrase within it.
This sentence contains an italicized phrase within it.
```

유연한 위키 라이브러리는 최근 몇 년간 출시된 다양한 포맷들을 애플리케이션 작성자가 선택할 수 있게 해주기도 한다.

이를 가능하게 하기 위해서, 사용자가 생성한 마크업 소스 텍스트의 콘텐츠를 추출하는 기능을 계정 관리나 리비전 히스토리, 콘텐츠 저장과 같은 나머지 위키 기능으로부터 구분할 필요가 있다. 추출 기능이 있는 애플리케이션의 나머지 부분은 반드시 잘 문서화된 프로퍼티와 메서드의 모음으로 이뤄진 인터페이스를 통해 상호작용하여야 한다. 인터페이스의 문서화된 API로 엄격하게 프로그래밍하고 그 메서드들의 구현 세부 내용을 무시하면, 애플리케이션이 어떤 소스 포맷을 선택하여 사용하는지와 관계 없이 애플리케이션의 나머지 부분이 잘 동작할 수 있다.

위키 콘텐츠 추출을 위해 어떤 종류의 인터페이스가 필요한지 조금 더 자세하게 살펴보자. 라이브러리는 페이지 제목이나 작성자 같은 메타 데이터를 추출할 수 있어야 하고, 위키를 보는 사람들에게는 페이지 콘텐츠를 HTML로 포매팅하여 보여주어야 한다. 위키의 각 페이지를 객체로 표현해 보자. 이 객체는 getTitle, getAuthor와 toHTML 같은 페이지 메서드를 제공해 페이지 데이터에 접근할 수 있다.

다음으로, 라이브러리는 사용자 정의 위키 포매터로 애플리케이션을 만들 방법을 제공해야 한다. 뿐만 아니라 인기 있는 마크업 포맷을 위한 내장 포매터도 제공해 주어야 한다. 예를 들어, 애플리케이션 작성자가 MediaWiki 포맷(Wikipedia에서 사용하는 포맷)을 사용하기 원할지도 모른다.

```
var app = new Wiki(Wiki.formats.MEDIAWIKI);
```

라이브러리는 다음과 같이 이 포매터 함수를 Wiki 인스턴스 객체 내부에 저장할 것이다.

```
function Wiki(format) {
    this.format = format;
}
```

위키를 읽는 사람이 페이지를 보기를 원할 때마다, 애플리케이션은 소스를 꺼내고 내부 포매터를 사용해서 HTML 페이지를 렌더링한다.

```
Wiki.prototype.displayPage = function(source) {
    var page = this.format(source);
    var title = page.getTitle();
    var author = page.getAuthor();
    var output = page.toHTML();
    // ...
};
```

Wiki.formats.MEDIAWIKI 같은 포매터는 어떻게 구현할 수 있을까? 클래스 기반 프로그램에 익숙한 개발자들은 사용자가 생성한 콘텐츠를 표현하는 기본 Page 클래스를 생성하고, 각 포맷을 Page의 하위 클래스로 구현하고 싶을 것이다. MediaWiki 포맷은 Page를 상속하는 MWPage 클래스로 구현될 수 있고, MEDIAWIKI는 다음과 같이 MWPage의 인스턴스를 반환하는 '팩터리 함수'가 될 수 있다.

```
function MWPage(source) {
    Page.call(this, source); // 부모의 생성자를 호출한다.
    // ...
}
// MWPage는 Page를 상속한다
MWPage.prototype = Object.create(Page.prototype);
MWPage.prototype.getTitle = /* ... */;
MWPage.prototype.getAuthor = /* ... */;
MWPage.prototype.toHTML = /* ... */;
Wiki.formats.MEDIAWIKI = function(source) {
    return new MWPage(source);
};
```

(생성자와 프로토타입을 통한 클래스 계층을 구현하는 방법에 대해 더 알고 싶다면 4장을 참고하라.) 하지만 기본 Page 클래스가 하는 실제 목적은 무엇일까? MWPage는 위키 애플리케이션을 구현하는 데 필요한 getTitle, getAuthor과 toHTML 같은 메서드들을 스스로 구현해야 하기 때문에, 반드시 유용한 구현 코드를 상속할 필요는 없다. 동작에 관련된 메서드만 필요할 뿐이다. 따라서 위키 포맷의 구현은 이런 메서드들을 어떻게든 마음대로 구현해도 된다.

많은 객체 지향 언어가 프로그램을 클래스와 상속으로 구조화하는 것을 권장하지만, 자바스크립트는 그다지 격식을 차리지 않는다. 종종 MediaWiki 페이지 포맷 같은 인터페이스를 위한 구현을 간단한 객체 리터럴로 제공하는 것만으로도 완벽한 경우가 많다.

```
Wiki.formats.MEDIAWIKI = function(source) {
    // 소스로부터 콘텐츠를 추출한다.
    // ...
    return {
        getTitle: function() { /* ... */ },
        getAuthor: function() { /* ... */ },
        toHTML: function() { /* ... */ }
    };
};
```

게다가, 상속은 장점보다 단점이 더 큰 경우도 있다. 여러 개의 서로 다른 위키 포맷이, 중복되지 않는 기능 셋을 공유할 때 단점이 더 확실해진다. 아무런 상속 계층을 가지지 않는 경우도 있다. 예를 들어, 다음과 같은 세 가지 포맷을 상상해 보자.

```
Format A: *bold*, [Link], /italics/
Format B: **bold**, [[Link]], *italics*
Format C: **bold**, [Link], *italics*
```

각기 다른 종류의 입력을 인식하는 기능을 개별 조각들로 구현해야 하지만, A, B, C 사이에 어떤 명백한 계층적인 관계도 매핑되지 않는다(시도해보았다는 것만으로도 영광이다!). 각각의 입력 값에 매칭되는 개별 함수를 구현하는 것이 올바른 방법이다. 별표 하나, 별표 두 개, 슬래시, 대괄호 등을 각 포맷들에 짜맞출 필요가 있다.

Page 상위 클래스를 제거하고, 다른 것으로 교체할 필요가 없다는 점에 주목하라. 이 점이 바로 자바스크립트의 동적 타입 지정이 진짜로 빛을 발하는 순간이다. 새로운 사용자 정의 포맷을 구현하기 원한다면 어딘가에 '등록'할 필요 없이 처리할 수 있다. displayPage 메서드는 구조만 적절하다면 어떤 자바스크립트 객체와도 잘 동작한다. 즉 getTitle, getAuthor와 getHTML 메서드만 구현되었다면 말이다.

이런 인터페이스를 구조적 타입 지정 또는 덕 타입 지정(duck typing)이라고도 부른다. 구조만 같다면 어떤 객체라도 괜찮다(오리 같이 생겼고, 오리 같이 수영하고, 오리 같이 꽥꽥거린다면 그것은 오리처럼 다뤄도 된다). 구조적 타입 지정은 우아한 프로그래밍 패턴이고 특히 자바스크립트와 같은 동적 언어에서 매우 가볍게 적용할 수 있다. 왜냐하면 어떤 것도 명시적으로 작성할 필요가 없기 때문이다. 객체의 메서드를 호출하는 함수는 동일한 인터페이스를 구현한 어떤 객체에서도 동작할 것이다. 물론, API 문서에 객체 인터페이스에 대한 요구사항을 기술해야 한다. 이 방법으로, 코드를 구현하는 사람은 어떤 프로퍼티와 메서드가 필요한지 알 수 있고, 라이브러리나 애플리케이션이 필요로 하는 동작이 무엇인지 알 수 있다.

구조적 타입 지정의 유연성이 주는 또 다른 이점은 단위 테스트에 있다. 위키 라이브러리는 어쩌면 위키의 네트워크 기능을 구현하는 HTTP 서버 객체에 플러그인되어야 할 수도 있다. 위키의 인터랙션 순서를 네트워크 연결 없이 테스트하기 원한다면, 살아있는 HTTP 서버처럼 동작하는 척하면서 네트워크를 건드리는 대신 미리 지정된 스크립트를 따르는 mock 객체를 구현할 수 있다. 이 방법으로 가짜 서버와 반복된 인터랙션을 만들 수 있고, 이로 인해 서버와 상호작용하는 컴포넌트의 동작을 테스트할 수 있다.

### 기억할 점

- 유연한 객체 인터페이스를 위해 구조적 타입 지정(덕 타입 지정)을 사용하라.
- 구조적 인터페이스가 더 유연하고 가볍다면 굳이 상속하지 마라.
- 단위 테스트를 위해 반복적인 동작을 제공하는 인터페이스의 대체 구현 방법인 mock 객체를 사용하라.

아이템 58

# 배열과 유사 배열 객체를 구별하라

두 개의 서로 다른 클래스 API에 대해 생각해 보자. 첫 번째는 비트의 정렬된 컬렉션인 BitVector다.

```
var bits = new BitVector();
bits.enable(4);
bits.enable([1, 3, 8, 17]);
bits.bitAt(4); // 1
bits.bitAt(8); // 1
bits.bitAt(9); // 0
```

enable 메서드가 오버로딩되었다는 점에 주목하라. enable 메서드에는 인덱스나 인덱스의 배열을 전달할 수 있다.

두 번째 클래스 API는 정렬되지 않은 문자열의 컬렉션인 StringSet이다.

```
var set = new StringSet();
set.add("Hamlet");
set.add(["Rosencrantz", "Guildenstern"]);
set.add({ "Ophelia": 1, "Polonius": 1, "Horatio": 1 });
set.contains("Polonius"); // true
set.contains("Guildenstern"); // true
set.contains("Falstaff"); // false
```

BitVector의 enable 메서드와 비슷하게 add 메서드 또한 오버로딩되었지만, 문자열과 문자열의 배열 뿐만 아니라, 딕셔너리 객체도 받아들인다.

BitVector.prototype.enable을 구현하기 위해, 문자열인 경우를 먼저 테스트하여 객체가 배열인지 확인하는 코드를 생략할 수 있다.

```
BitVector.prototype.enable = function(x) {
    if (typeof x === "number") {
        this.enableBit(x);
    } else { // x를 유사 배열 객체로 가정한다.
```

```
        for (var i = 0, n = x.length; i < n; i++) {
            this.enableBit(x[i]);
        }
    }
};
```

이렇게 하면 전혀 문제가 없다. StringSet.prototype.add는 어떨까? 이제 배열과 객체를 구별할 필요가 있어 보인다. 하지만 질문 자체가 말이 안 된다. 자바스크립트 배열은 객체다. 배열이 아닌 객체에서 배열 객체를 구분해내는 것이 우리가 진짜 원하는 동작이다.

이런 구별은 자바스크립트의 '유사 배열' 객체(아이템 51 참고)의 유연한 개념과 충돌한다. 어떤 객체든 올바른 인터페이스만 지킨다면 배열처럼 처리될 수 있다. 그리고 객체가 인터페이스를 만족하기 위해 의도되었는지 확인하기 위한 명확한 테스트 방법이 없다. 객체가 length 프로퍼티를 가진다면 배열을 의도한 것이라고 추측해 볼 수는 있지만, 보장할 수는 없다. 딕셔너리 객체에 length 키를 설정하여 사용했다면 어떻게 될까?

```
dimensions.add({
    "length": 1, // 유사 배열 객체를 암시하나?
    "height": 1,
    "width": 1
});
```

부정확한 휴리스틱*을 사용해 인터페이스를 확인하는 것은 오해와 오용을 초래한다. 객체가 구조적 타입을 구현했다고 가정하는 방법은 종종 덕 테스팅(duck testing, 아이템 57에서 설명한 덕 타입 지정에서 따왔다)이라고 하며 좋지 않은 방법이다. 객체가 구현된 구조적인 타입을 나타내기 위한 명시적인 정보를 덧붙이지 않기 때문에, 이런 정보를 탐지할 수 있는 신뢰할 만하고 프로그래밍 가능한 방법이 없다.

두 개의 타입을 오버로딩했다는 말은 그런 경우들을 구별할 방법이 있다는 뜻이다. 그러나 하나의 값이 하나의 구조적인 인터페이스를 구현했는지 탐지할

---

* (옮긴이) 휴리스틱(heuristic)은 경험에 기반하여 문제를 해결하거나 학습하거나 발견해 내는 방법을 말한다. 발견법이라고도 한다.

방법은 없다. 이는 다음과 같은 규칙을 만들게 된다.

**API는 구조적인 타입을 이와 중복된 다른 타입으로 절대로 오버로딩하면 안 된다.**

StringSet에서는, 처음에 '배열과 비슷한' 구조적인 인터페이스를 사용하지 않는 게 정답이다. 대신에 사용자가 진짜 배열로 의도한 잘 정의된 '꼬리표'를 가지는 타입을 선택해야 한다. 비록 완벽하진 않지만 최선의 방법은 다음과 같이 객체가 Array.prototype을 상속했는지 확인하기 위해 instanceof 연산자를 사용하는 것이다.

```
StringSet.prototype.add = function(x) {
    if (typeof x === "string") {
        this.addString(x);
    } else if (x instanceof Array) { // 너무 제한적임
        x.forEach(function(s) {
            this.addString(s);
        }, this);
    } else {
        for (var key in x) {
            this.addString(key);
        }
    }
};
```

결국, 언제든 객체가 Array의 인스턴스이면 배열처럼 동작한다는 것을 확실히 알 수 있다. 하지만 이는 너무 까다로운 구별 방법이다. 여러 개의 전역 객체를 가질 수 있는 환경에서는 표준 Array 생성자와 prototype 객체가 다수의 복사본을 가질 수 있다. 브라우저가 바로 그런 환경이며, 각각의 프레임은 표준 라이브러리에 대해 별도의 복사본을 가진다. 프레임 사이에서 값을 전달하면, 한 프레임에서의 배열은 다른 프레임의 Array.prototype을 상속하지 않는다.

이런 이유로, ES5는 Array.isArray 함수를 제공한다. 이 함수는 프로토타입 상속과 관계 없이 값이 배열인지 확인한다. ECMAScript 표준에서, 이 함수는 객체의 내부 [[Class]] 프로퍼티의 값이 "Array"인지 확인한다. 객체가 단지 유사 배열 객체가 아니라 진짜 배열인지 확인할 필요가 있다면, instanceof보다 Array.

isArray가 더 신뢰할 만하다.

Array.isArray를 통해 add 메서드를 더 견고하게 구현할 수 있다.

```
StringSet.prototype.add = function(x) {
    if (typeof x === "string") {
        this.addString(x);
    } else if (Array.isArray(x)) { // 진짜 배열인지 확인
        x.forEach(function(s) {
            this.addString(s);
        }, this);
    } else {
        for (var key in x) {
            this.addString(key);
        }
    }
};
```

ES5를 지원하지 않는 환경에서는, 다음과 같이 표준 Object.prototype.
toString 메서드를 사용해서 객체가 배열인지 확인할 수 있다.

```
var toString = Object.prototype.toString;
function isArray(x) {
    return toString.call(x) === "[object Array]";
}
```

Object.prototype.toString 함수는 객체의 내부 [[Class]] 프로퍼티를 사용해 문자열 결과 값을 만들어 내므로, 객체가 배열인지 확인하기 위한 방법으로 이 또한 instanceof보다 더욱 믿을 만한 메서드다.

이 버전의 add 메서드가 API의 사용자에게 미치는 동작이 다르다는 점을 주목하라. 오버로딩된 API의 배열 버전은 인위적인 유사 배열 객체를 받아들이지 않는다. 예를 들어, 다음과 같이 arguments 객체를 전달하여 배열처럼 처리되기를 기대할 수 없다.

```
function MyClass() {
    this.keys = new StringSet();
    // ...
}
MyClass.prototype.update = function() {
    this.keys.add(arguments); // 딕셔너리처럼 처리된다.
};
```

대신에 add를 사용하는 올바른 방법은, 아이템 51에서 설명한 코딩 관례를 사용해서 객체를 진짜 배열로 변환하는 것이다.

```
MyClass.prototype.update = function() {
    this.keys.add([].slice.call(arguments));
};
```

호출자는 진짜 배열을 기대하는 API에 유사 배열 객체를 전달하고자 할 때마다 이런 변환을 해주어야 한다. 이런 이유로, API가 어떤 두 가지 타입을 받아들이는지 문서화할 필요가 있다. 이전의 예제에서 enable 메서드는 숫자와 유사 배열 객체를 받아들이지만, add 메서드는 문자열과 진짜 배열 그리고 (배열이 아닌) 객체를 받아들인다.

**기억할 점**

- 구조적 타입을 다른 중복된 타입으로 절대 오버로딩하지 마라.
- 구조적 타입을 다른 타입으로 오버로딩할 때, 다른 타입을 먼저 테스트하라.
- 다른 객체 타입으로 오버로딩할 때, 유사 배열 객체 대신에 진짜 배열을 받아들여라.
- API가 진짜 배열을 받아들이는지, 유사 배열 값을 받아들이는지 문서화하라.

아이템 59

# 과도한 강제 형변환을 피하라

자바스크립트는 타입 검사가 느슨하기로 악명 높다(아이템 3 참고). 많은 표준 연산자와 라이브러리는 예상치 않은 입력 값에 대해 예외를 발생하기보다 그 인 자를 기대하는 값으로 강제 형변환한다. 추가적인 로직 없이는, 이런 내장 연산 에 올려진 동작은 강제 형변환을 그대로 이어받는다.

```
function square(x) {
    return x * x;
}
square("3"); // 9
```

강제 형변환은 확실히 편리하다. 하지만 아이템 3에서 지적한 것처럼 문제를 일으키기도 하는데, 에러를 감추고, 불규칙하고 분석하기 어려운 동작을 초래 한다.

강제 형변환은 아이템 58의 BitVector 클래스의 enable 메서드 같이, 오버로 딩된 함수 시그니처와 함께 처리될 때 특히 혼란스럽다. enable 메서드가 그 인 자를 기대하는 타입으로 강제 형변환한다면 함수 시그니처는 더욱 이해하기 힘 들게 될 것이다. 어떤 타입을 선택해야 할까? 다음과 같이 숫자로 강제 형변환 한다면 오버로딩을 완전히 망가뜨리게 된다.

```
BitVector.prototype.enable = function(x) {
    x = Number(x);
    if (typeof x === "number") { // 항상 true
        this.enableBit(x);
    } else { // 절대 수행되지 않음
        for (var i = 0, n = x.length; i < n; i++) {
            this.enableBit(x[i]);
        }
    }
};
```

일반적인 규칙으로, 오버로딩된 함수의 동작을 결정하기 위해 인자의 타입을 확인한다면, 인자를 강제 형변환하지 않는 것이 현명하다. 강제 형변환은 어떤 가변 인자를 사용하는지 결국 알아내기 어렵게 만든다. 다음과 같은 사용법이 올바르다고 가정해 보자.

```
bits.enable("100"); // 숫자일까? 유사 배열 객체일까?
```

enable의 이런 사용 방법은 모호하다. 호출자는 인자가 bit 값의 배열이나 숫자로 처리되도록 그럴싸하게 의도해야 한다. 하지만 생성자가 문자열을 처리하도록 설계되지 않았기 때문에 알 방법이 없다. 호출자가 API를 이해하지 못한 것처럼 보인다. 사실, API에 조금 더 주의를 기울인다면 다음과 같이 숫자와 객체만 받아들이도록 강제할 수 있을 것이다.

```
BitVector.prototype.enable = function(x) {
    if (typeof x === "number") {
        this.enableBit(x);
    } else if (typeof x === "object" && x) {
        for (var i = 0, n = x.length; i < n; i++) {
            this.enableBit(x[i]);
        }
    } else {
        throw new TypeError("expected number or array-like");
    }
}
```

enable 메서드의 마지막 버전은 더 신중한 스타일이며 방어적인 프로그래밍의 한 예제다. 방어적 프로그래밍은 추가적인 확인으로 잠재적인 오류 방어를 시도한다. 일반적으로, 모든 잠재적인 버그를 방어하기란 불가능하다. 예를 들어 x가 객체라면, 이를 보장하기 위해 length 프로퍼티를 가지는지 또한 확인할 수 있지만, 방어하지 않는다고 가정하면 String 객체를 실수로 사용할 수도 있다. 또한 자바스크립트는 이런 확인을 위해 typeof 연산자 같은 가장 기본적인 도구들만 제공하지만, 함수 시그니처를 더 간결하게 방어하기 위한 유틸리티 함수를 작성할 수 있다. 예를 들어, BitVector 생성자에서 다음과 같이 미리 확인하여 방어할 수 있다.

```
function BitVector(x) {
```

```
        uint32.or(arrayLike).guard(x);
        // ...
    }
```

이를 동작하게 하기 위해, guard 객체로 된 유틸리티 라이브러리를 만들 수 있다. guard 객체는 공유된 프로토타입 객체의 도움을 받아 구현된 guard 메서드를 포함한다.

```
var guard = {
    guard: function(x) {
        if (!this.test(x)) {
            throw new TypeError("expected " + this);
        }
    }
};
```

각각의 guard 객체는 자기 자신의 test 메서드와 에러 메시지를 위한 설명 문자열을 포함한다.

```
var uint32 = Object.create(guard);
uint32.test = function(x) {
    return typeof x === "number" && x === (x >>> 0);
};
uint32.toString = function() {
    return "uint32";
};
```

uint32 guard 메서드는 unsigned 32비트 정수형으로 변환을 수행하기 위해 자바스크립트의 비트단위 연산자의 트릭을 사용한다. unsigned 오른쪽 shift 연산자는 비트단위 shift(아이템 2참고)를 수행하기 전에 첫 번째 인자를 unsigned 32비트 정수형으로 변환시킨다. 0비트로 shift하는 것은 정수 값에는 전혀 영향을 미치지 않는다. 따라서 uint32.test는 unsigned 32비트 정수형으로 변환환 결과와 숫자 값을 효과적으로 비교한다.

이어서 다음과 같이 arrayLike guard 객체를 구현할 수 있다.

```
var arrayLike = Object.create(guard);
arrayLike.test = function(x) {
    return typeof x === "object" && x && uint32.test(x.length);
};
arrayLike.toString = function() {
```

```
    return "array-like object";
};
```

유사 배열 객체가 unsigned 정수형의 length 프로퍼티를 반드시 가져야 한다고 제한하여, 방어적인 프로그래밍을 한 단계 더 발전시켰다는 점을 주목하라.

마지막으로, 프로토타입 메서드로써 guard.or 같이 '체이닝(chaining)' 메서드(아이템 60참고)를 구현할 수 있다.

```
guard.or = function(other) {
    var result = Object.create(guard);
    var self = this;
    result.test = function(x) {
        return self.test(x) || other.test(x);
    };
    var description = this + " or " + other;
    result.toString = function() {
        return description;
    };
    return result;
};
```

이 메서드는 수신자 guard 객체와 두 번째 guard 객체를 병합하여, test와 toString 메서드를 두 개의 입력 메서드로 가지는 새로운 guard 객체를 만든다. guard 객체의 test 메서드 내부에서 사용하기 위해 지역 self 변수를 사용(아이템 25와 37 참고)한 점에 주목하라. 지역 self 변수는 this에 대한 참조를 저장한다.

이런 테스트는 버그가 발생하기 전에 찾을 수 있도록 도와주고, 훨씬 더 진단하기 쉽게 만들어 준다. 그럼에도 불구하고, 코드 베이스를 어수선하게 채우고 애플리케이션 성능에 잠재적으로 영향을 끼칠 수 있다. 방어적인 프로그래밍을 사용할지 여부는 비용(작성하고 실행해야 할 추가적인 테스트의 숫자) 대비 이득(사전에 찾게 될 버그의 숫자, 개발 디버깅 시간의 절약)의 선택 문제다.

### 기억할 점

- 오버로딩과 강제 형변환을 섞어서 사용하지 마라.
- 기대하지 않은 입력 값을 방어적으로 보호하라.

# 메서드 체이닝을 지원하라

무상태 API의 강력함 중 하나는 합성 연산을 더 작은 것으로 만들 수 있는 유연함에 있다. 문자열의 replace 메서드가 좋은 예제다. 결과 값 자신이 문자열이기 때문에, 이전 메서드 호출의 결과에 반복적으로 replace를 호출하여 다수의 교체 동작을 수행할 수 있다. 이 패턴의 일반적인 사용법은 다음과 같이 HTML에 삽입하기 전에 특수 문자를 교체하는 것이다.

```
function escapeBasicHTML(str) {
    return str.replace(/&/g, "&amp;")
              .replace(/</g, "&lt;")
              .replace(/>/g, "&gt;")
              .replace(/"/g, "&quot;")
              .replace(/'/g, "&apos;");
}
```

첫 번째 replace 호출은 모든 "&" 특수 문자의 인스턴스를 HTML 이스케이프 시퀀스 "&amp;"로 대체한다. 두 번째 호출은 모든 "("의 인스턴스를 이스케이프 시퀀스 "&lt;"로 변경하고, 이후 호출에서도 이와 같은 방법으로 대체한다. 이런 반복된 메서드 호출 스타일을 메서드 체이닝이라고 한다. 이런 스타일로 코드를 작성할 필요는 없지만 다음과 같이 각 중간 결과 값을 임시 변수에 저장하는 것보다 훨씬 더 간결하다.

```
function escapeBasicHTML(str1) {
    var str2 = str1.replace(/&/g, "&amp;");
    var str3 = str2.replace(/</g, "&lt;");
    var str4 = str3.replace(/>/g, "&gt;");
    var str5 = str4.replace(/"/g, "&quot;");
    var str6 = str5.replace(/'/g, "&apos;");
    return str6;
}
```

중간 결과는 마지막 결과를 위한 과정에서만 중요하기 때문에 임시 변수를 제거하면 코드를 읽는 사람에게 더 명확해진다.

메서드 체이닝은 API가 특정 인터페이스의 객체를 생성한다면(아이템 57 참고) 언제든지 사용될 수 있다. 이 객체는 주로 동일한 인터페이스의 객체를 또 다시 생성하는 메서드를 가진다. 아이템 50과 51에서 설명한 array 열거 메서드는 '체이닝 가능한' API의 또 다른 좋은 예다.

```
var users = records.map(function(record) {
              return record.username;
          })
          .filter(function(username) {
              return !!username;
          })
          .map(function(username) {
              return username.toLowerCase();
          });
```

이 체이닝된 연산은 사용자 record를 표현하는 객체의 배열을 받고, 각 record의 username 프로퍼티를 추출하고, 빈 username을 필터링하고, 마지막으로 username을 소문자로 변환한다.

이 스타일은 매우 유연하고 표현력이 높기 때문에, API가 지원하도록 설계할 만한 가치가 있다. 흔히 무상태 API에서 '체이닝 가능성'은, 만약 API가 객체를 수정하지 않는다면 새로운 객체를 반환해야 한다는 자연스러운 결과를 따른다. 결과적으로, 무상태 API는 비슷한 메서드들을 가지는 더 많은 객체들을 만들어 내게 된다.

메서드 체이닝은 상태 유지 설정을 지원하는 데에도 유용하다. 이 패턴에서의 트릭은 객체를 갱신하는 메서드가 undefined 대신에 this를 반환하도록 하는 것이다. 체이닝된 메서드 호출 시퀀스를 통해 다음과 같이 동일한 객체에서 여러 번의 갱신이 가능해진다.

```
element.setBackgroundColor("yellow")
       .setColor("red")
       .setFontWeight("bold");
```

상태 유지 API를 위한 메서드 체이닝은 종종 유창한 스타일(fluent style)이라고도 부른다. (이 용어는 스몰토크의 '메서드 중첩(method cascade)' 즉, 하나의 객체에서 다수의 메서드를 호출하는 내장 문법을 시뮬레이션한 개발자가 만들었다.) 만약 update 메서드가 this를 반환하지 않는다면 API의 사용자는 객체의 이름을 매번 반복해야만 한다. 객체가 변수로 간단하게 명명되었다면, 별 다른 차이점은 없다. 하지만 update 메서드로 객체를 가져오는 무상태 메서드들을 합칠 때, 메서드 체이닝은 매우 간결하고 가독성 높은 코드를 만들 수 있게 해 준다. 프론트엔드 라이브러리 jQuery는 다음과 같이 웹 페이지에서 사용자 인터페이스 엘리먼트를 질의하는 (무상태) 메서드의 모음들과 그 엘리먼트들을 업데이트하는 (상태 유지) 메서드들을 통해 메서드 체이닝 접근법을 유명하게 만들었다.

```
$("#notification") // 알림 엘리먼트를 찾는다.
  .html("Server not responding.") // 알림 메시지를 설정한다.
  .removeClass("info") // 스타일 모음 하나를 제거한다.
  .addClass("error"); // 스타일을 더 추가한다.
```

상태 유지 API인 html, removeClass, addClass 메서드를 호출하면 같은 객체를 반환하는 식으로 유창한 스타일을 지원하기 때문에, jQuery 함수($)를 실행한 질의의 결과를 위한 임시 변수를 만들 필요가 없다. 물론, 사용자가 이런 스타일을 너무 간결하다고 느낀다면, 다음과 같이 항상 질의의 결과에 이름을 붙이기 위한 변수를 사용할 것이다.

```
var element = $("#notification");
element.html("Server not responding.");
element.removeClass("info");
element.addClass("error");
```

하지만 메서드 체이닝을 지원함으로써, API는 개발자가 어떤 스타일을 선호할지 결정할 수 있게 해 준다. 만약 메서드들이 undefined를 반환한다면, 사용자들은 반드시 더 장황한 스타일을 사용해 코드를 작성해야만 할 것이다.

**기억할 점**

- 무상태 연산을 결합하기 위해 메서드 체이닝을 사용하라.
- 무상태 메서드에서는 새로운 객체를 만들어 내도록 설계하여 메서드 체이닝을 지원하라.
- 상태 유지 메서드에서는 this를 리턴하여 메서드 체이닝을 지원하라.

# 7장

# 동시성

자바스크립트는 임베디드 스크립트 언어로 설계되었다. 자바스크립트 프로그램은 독립 애플리케이션으로 실행되지 않지만, 더 큰 애플리케이션의 컨텍스트 내에서 실행된다. 주요 애플리케이션은 물론 웹 브라우저다. 브라우저는 여러 개의 웹 애플리케이션을 실행시키는 여러 개의 창과 탭을 가질 수 있으며, 각각은 키보드, 마우스나 터치, 네트워크로부터 들어오는 데이터 또는 시간이 지정된 알람 같은 다양한 입력과 자극에 반응한다. 이런 이벤트들은 웹 애플리케이션이 살아있는 동안 언제든지, 심지어 동시에 발생할 수도 있다. 그리고 각 이벤트에 대해, 애플리케이션은 정보를 받아들이고 지정된 동작으로 반응하기를 원할 것이다.

동시에 발생하는 여러 이벤트에 응답하는 프로그램을 작성하기 위해 자바스크립트는 비동기 API를 사용한다. 비동기 API는 때로는 이벤트 큐나 이벤트 루프 동시성이라고도 부르는데, 놀라울 정도로 사용자 친화적이며 강력하다. 자바스크립트가 웹 브라우저에 독립적으로 표준화되었다는 사실 뿐만 아니라 이런 접근 방법의 효율성 덕택에, 자바스크립트는 데스크톱 애플리케이션에서부터 Node.js 같은 서버 측 프레임워크까지 다양한 애플리케이션을 위한 프로그래밍 언어로도 사용되고 있다.

이상하게도 현재까지는 ECMAScript 표준에 동시성에 대한 어떤 언급도 없다. 결국, 이 장에서는 자바스크립트의 공식적인 표준보다는 '실질적인' 특징을 다룰 것이다. 그럼에도 불구하고, 대부분의 자바스크립트 실행 환경은 동시성에 대한 동일한 접근 방법을 공유하며, 표준의 미래 버전에서는 아마도 이를 폭넓게 구현한 실행 모델로 표준화하게 될 것이다. 표준과 관계없이, 이벤트와 비동기 API를 처리하는 것은 자바스크립트 프로그래밍의 핵심적인 부분이다.

아이템 61

# 이벤트 큐를 I/O에 블로킹시키지 마라

자바스크립트 프로그램은 이벤트를 따라 구조화된다. 사용자 인터랙션(마우스 버튼 클릭, 키보드 입력, 스크린 터치), 네트워크로부터 들어오는 데이터, 예약된 알람 같은 다양한 외부 소스로부터 입력이 동시에 들어온다. 몇몇 언어에서는, 다음과 같이 특정 입력을 기다리는 코드를 작성하는 것이 관례적이다.

```
var text = downloadSync("http://example.com/file.txt");
console.log(text);
```

(console.log API는 개발자 콘솔에 디버깅 정보를 출력하는 자바스크립트 플랫폼의 일반적인 유틸리티다.) downloadSync 같은 함수는 동기 함수 또는 블로킹(blocking) 함수라고 부른다. 프로그램이 입력을 받기까지 어떤 동작도 하지 않고 기다리기 때문이다. 이 경우에는, 인터넷으로 파일을 다운받은 결과를 기다린다. 컴퓨터는 다운로드가 완료되기를 기다리는 동안 다른 유용한 작업을 실행할 수 있기 때문에, 언어들은 일반적으로 동시에 실행되는 하위 연산인 스레드를 여러 개 만드는 방법을 개발자에게 제공한다. 이를 통해 프로그램의 일부가 멈춘 채 느린 입력을 기다리는 동안(=블로킹된 동안), 프로그램의 다른 부분이 독립적인 작업을 실행할 수 있다.

자바스크립트에서는 대부분의 I/O 연산이 비동기나 논블로킹(nonblocking) API로 제공된다. 결과의 스레드를 차단하는 대신, 개발자가 시스템에 콜백을 등록해서(아이템 19 참고) 입력 값이 도착했을 때 한 번만 실행되게 한다.

```
downloadAsync("http://example.com/file.txt", function(text) {
    console.log(text);
});
```

이 API는 네트워크에 블로킹되지 않고, 다운로드 프로세스를 초기화하고 나서 내부 레지스트리에 콜백을 저장한 뒤, 즉시 리턴한다. 얼마 후에 다운로드가 끝나면, 시스템은 다운로드된 파일의 텍스트를 그 인자로 전달하면서 등록된 콜백을 호출한다.

이제 시스템은 블로킹되지 않고 다운로드가 끝나면 즉시 콜백을 수행한다. 자바스크립트는 종종 실행 즉시 완료됨을 보장한다고 설명되기도 한다. 브라우저에서 하나의 웹페이지 또는 웹 서버의 하나의 실행 인스턴스 같이, 공유된 컨텍스트에서 현재 실행되는 사용자 코드는 다음 이벤트 핸들러를 호출하기 전에 실행을 종료시킬 수 있다. 실제로는, 시스템이 내부에 이벤트의 큐를 유지하고 저장된 콜백을 한 번에 하나씩 실행시킨다.

그림 7.1은 클라이언트 측과 서버 측 애플리케이션의 예제 이벤트 큐에 대해 묘사하고 있다. 이벤트가 발생하면, 애플리케이션 이벤트 큐의 마지막(다이어그램의 맨 위)에 추가된다. 자바스크립트 시스템은 내부의 이벤트 루프로 애플리케이션을 실행시킨다. 이벤트 루프는 이벤트를 큐의 바닥 즉, 큐에 들어간 순서대로 꺼내어 등록된 자바스크립트 이벤트 핸들러(이전의 예제에서 downloadAsync에 전달된 콜백과 같은)를 한 번에 하나씩 호출하고, 핸들러에 이벤트 데이터를 인자로 전달한다.

실행 즉시 완료됨을 보장하는 방식의 이점은, 코드가 실행될 때 애플리케이션 상태에 대한 제어를 완료했다는 사실을 알게 된다는 점이다. 어떤 변수나 객체 프로퍼티가 동시에 실행되는 코드 때문에 변경되는지 신경 쓸 필요가 없다. 이 때문에 자바스크립트에서의 동시성 프로그래밍이 스레드와 락으로 처리하는 C++, 자바나 C# 같은 언어보다 훨씬 쉽게 느껴지게 된다.

이와는 반대로, 실행 즉시 완료되는 코드의 단점은 작성한 코드 때문에 애플리케이션의 나머지 부분이 실행되지 못한다는 점이다. 브라우저 같은 인터랙티브한 애플리케이션에서, 블로킹된 이벤트 핸들러는 모든 다른 사용자 입력이 처리되지 못하게 막고, 페이지의 렌더링을 방해할 수 있으며, 사용자 경험에 반응하지 않는 상태를 초래할 수도 있다. 서버 설정에서는, 블로킹된 핸들러가 다른 네트워크 요청이 처리되지 않게 막아, 서버가 응답하지 않는 상태를 초래할 수 있다.

**그림 7.1** a) 웹 클라이언트 애플리케이션과 b) 웹 서버에서의 예제 이벤트 큐

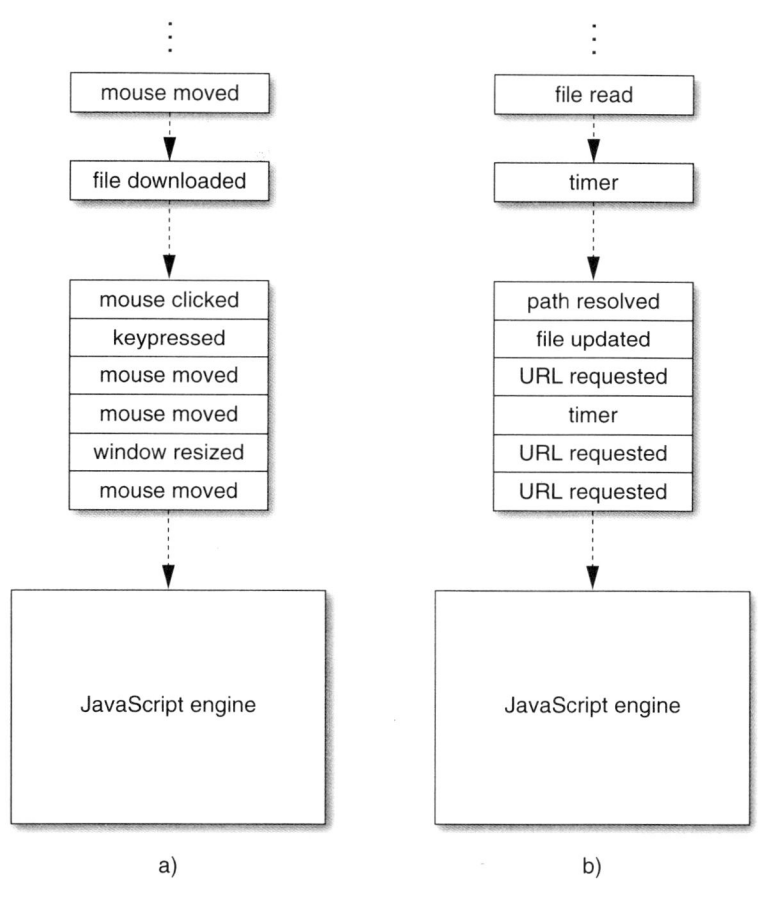

동시성 자바스크립트의 가장 중요한 한 가지 규칙은 애플리케이션의 이벤트 큐 중간에서 절대로 블로킹 I/O API를 사용하지 말라는 것이다. 비록 몇몇 그렇지 않은 것들이 수년간 플랫폼에 새어 들어와 있긴 하지만, 브라우저에서 블로킹 API는 거의 사용 불가능하다. 이전 예제의 downloadAsync 함수와 비슷한 네트워크 I/O를 제공하는 XMLHttpRequest 라이브러리는 동기식으로도 사용할 수 있는데, 좋지 않은 방식이다. 동기식 I/O는 I/O 연산이 완료되기 전까지 사용자가 페이지와 상호작용할 수 없게 막기 때문에, 웹 애플리케이션의 상호

운용성을 끔찍하게 만든다.

대조적으로, 비동기 API는 이벤트 기반 설정에서 안전하게 사용할 수 있다. 왜냐하면 애플리케이션 로직이 이벤트 루프의 구분된 '턴(turn)'에서 계속해서 처리될 수 있게 해주기 때문이다. 이전의 예제에서, URL을 다운로드하는 데 몇 초의 시간이 걸린다고 가정해 보자. 그 때 엄청나게 많은 다른 이벤트가 발생할 수 있다. 동기식 구현으로는 이런 이벤트들이 이벤트 큐에 쌓이지만, 이벤트 루프는 자바스크립트 코드가 실행이 완료되기를 기다리느라 멈춰서 있을 테고, 다른 이벤트가 처리되지 못하게 막을 것이다. 하지만 비동기식 버전에서는 자바스크립트 코드가 이벤트 핸들러를 등록하고 즉시 리턴하여, 다운로드가 완료되기 전에 끼어드는 이벤트를 다른 이벤트 핸들러가 처리할 수 있게 해 준다.

메인 애플리케이션의 이벤트 큐가 영향을 받지 않는 설정에서 블로킹 연산은 문제가 조금 덜하다. 예를 들어, 워커(Worker) API를 제공하는 웹 플랫폼은 동시 연산을 만들 수 있다. 전통적인 스레드와 달리, 워커는 완전히 독립된 상태에서 실행되고, 전역 스코프나 애플리케이션의 메인스레드의 웹페이지 내용에 접근할 수 없어서, 메인 이벤트 큐에서 실행되는 코드의 수행을 방해할 수가 없다. 워커에서, XMLHttpRequest의 동기식 변형을 사용하는 것은 별 문제가 없다. 다운로드에서 블로킹되는 것은 워커의 진행을 막지만, 페이지 렌더링을 막거나 이벤트에 반응하는 이벤트 큐는 막지 않기 때문이다. 서버 설정에서 블로킹 API는 시작 중, 즉 서버가 들어오는 요청에 응답을 시작하기 전까지는 문제가 없다. 하지만 요청을 처리할 때의 블로킹 API는 브라우저의 이벤트 큐에서와 못지 않게 큰 재앙이다.

### 기억할 점

- 비동기 API는 많은 비용이 드는 연산의 처리를 뒤로 미루기 위해 콜백을 받아서 메인 애플리케이션의 블로킹을 막는다.
- 자바스크립트는 이벤트를 동시에 받아들이지만 이벤트 핸들러는 이벤트 큐를 사용해 순서대로 처리한다.
- 애플리케이션의 이벤트 큐에서는 절대 블로킹 I/O를 사용하지 마라.

# 비동기 시퀀스를 위해 감싸지거나 이름이 지정된 콜백을 사용하라

아이템 61에서는 비동기 API를 사용해서 잠재적으로 비용이 많이 드는 I/O 연산을, 애플리케이션이 계속 동작하게 하고 다른 입력을 처리하는 것을 막지 않으면서도 수행하는 방법에 대해서 알아보았다. 비동기 프로그램의 실행 순서를 이해하는 것은 처음에는 약간 헷갈릴 수도 있다. 예를 들어, 다음 프로그램은 비록 소스 코드에서는 순서가 반대로 되어 있지만 "starting"을 출력하고 나서 "finished"를 출력한다.

```
downloadAsync("file.txt", function(file) {
    console.log("finished");
});
console.log("starting");
```

downloadAsync는 파일이 다운로드되기를 기다리지 않고 곧바로 리턴을 수행한다. 한편, 자바스크립트의 실행 즉시 완료됨을 보장하는 특징은 어떤 다른 이벤트 핸들러가 실행되기 전에 반드시 다음 줄을 실행한다. 곧, "starting"이 반드시 "finished"보다 먼저 출력된다는 뜻이다.

이런 실행 순서를 이해하는 가장 쉬운 방법은 비동기 API가 연산을 수행하는 게 아니라 초기화한다고 생각하는 것이다. 앞의 코드는 먼저 파일의 다운로드를 초기화하고 나서 즉시 "starting"을 출력한다. 다운로드가 끝나면 이벤트 루프 내에서 어떤 별도의 턴에, 등록된 이벤트 핸들러가 "finished"를 출력한다.

그렇다면 여러 선언문을 연이어 두고 연산을 초기화한 뒤에 어떤 작업을 하게 만들고 싶다면, 완전히 비동기식인 연산을 어떻게 차례대로 실행되도록 할 것인가? 예를 들어 만약 비동기식 데이터베이스에서 URL을 찾고 나서 해당 URL의 내용을 다운로드하려면 어떻게 해야 할까? 두 요청을 연이어 초기화하는 것은 불가능하다.

```
db.lookupAsync("url", function(url) {
    // ?
});
downloadAsync(url, function(text) { // 오류: url이 바인딩되지 않음
    console.log("contents of " + url + ": " + text);
});
```

downloadAsync의 인자로 데이터베이스를 탐색해서 얻어낸 URL 결과 값이 필요한데, 이 값이 해당 스코프에 없기 때문에 이 코드는 제대로 동작하지 않을 것이다. 그리고 또 다른 이유가 있다. 데이터베이스 탐색을 초기화하고 나서, 단순히 그 탐색의 결과 값이 아직 사용 가능하지 않기 때문이다.

가장 쉬운 해결 방법은 감싸는 것이다. 클로저(아이템 11 참고)의 강력함 덕분에, 다음과 같이 두 번째 동작을 첫 번째 함수의 콜백으로 포함시킬 수 있다.

```
db.lookupAsync("url", function(url) {
    downloadAsync(url, function(text) {
        console.log("contents of " + url + ": " + text);
    });
});
```

여전히 두 개의 콜백이 필요하지만, 두 번째 콜백은 첫 번째 콜백 안에 포함되어 있고 외부 콜백의 변수에 접근할 수 있는 클로저를 만들었다. 두 번째 콜백이 어떻게 url에 참조하는지를 주목하라.

비동기 연산을 감싸는 방법은 쉽다. 하지만 더 긴 시퀀스로 확장해 가면 금세 거추장스러워진다.

```
db.lookupAsync("url", function(url) {
    downloadAsync(url, function(file) {
        downloadAsync("a.txt", function(a) {
            downloadAsync("b.txt", function(b) {
                downloadAsync("c.txt", function(c) {
                    // ...
                });
            });
        });
    });
});
```

과도한 감싸기를 완화하는 한 가지 방법은 감싸진 콜백을 이름이 지정된 함수로써 들어내고, 필요한 추가 데이터를 별도의 인자로 전달하는 것이다. 두 단계였던 이전 예제를 다음과 같이 재작성할 수 있다.

```javascript
db.lookupAsync("url", downloadURL);
function downloadURL(url) {
    downloadAsync(url, function(text) { // 여전히 감싸여 있다.
        showContents(url, text);
    });
}
function showContents(url, text) {
    console.log("contents of " + url + ": " + text);
}
```

이 코드는 외부 url 변수와 내부 text 변수를 showContents의 인자로써 결합하기 위해서 downloadURL 안에서 여전히 감싸진 콜백 함수를 사용한다. 이 콜백 함수까지 제거하기 위해서는 bind(아이템 25 참고)를 사용하면 된다.

```javascript
db.lookupAsync("url", downloadURL);
function downloadURL(url) {
    downloadAsync(url, showContents.bind(null, url));
}
function showContents(url, text) {
    console.log("contents of " + url + ": " + text);
}
```

이 접근 방법은 더 순차적인 코드처럼 보이게 만들지만, 매 중간 순서마다 이름을 짓고 차례차례로 바인딩을 복사해야 하는 비용이 따른다. 이전의 긴 예제와 같은 경우에는 어색해지기도 한다.

```javascript
db.lookupAsync("url", downloadURLAndFiles);
function downloadURLAndFiles(url) {
    downloadAsync(url, downloadABC.bind(null, url));
}
// 어색한 이름
function downloadABC(url, file) {
    downloadAsync("a.txt",
                // 중복된 바인딩
                downloadFiles23.bind(null, url, file));
}
// 어색한 이름
function downloadBC(url, file, a) {
```

```
        downloadAsync("b.txt",
                         // 더 많은 중복된 바인딩
                         downloadFile3.bind(null, url, file, a));
    }
    // 어색한 이름
    function downloadC(url, file, a, b) {
        downloadAsync("c.txt",
                         // 여전히 더 많은 중복된 바인딩
                         finish.bind(null, url, file, a, b));
    }
    function finish(url, file, a, b, c) {
        // ...
    }
```

비록 여전히 감싸진 함수가 있지만, 때로는 이 두 가지 접근 방법을 조합하는
것이 더 균형 있어 보인다.

```
    db.lookupAsync("url", function(url) {
        downloadURLAndFiles(url);
    });
    function downloadURLAndFiles(url) {
        downloadAsync(url, downloadFiles.bind(null, url));
    }
    function downloadFiles(url, file) {
        downloadAsync("a.txt", function(a) {
            downloadAsync("b.txt", function(b) {
                downloadAsync("c.txt", function(c) {
                    // ...
                });
            });
        });
    }
```

더 좋은 마지막 방법은, 여러 파일을 다운로드하고 저장하기 위한 배열로 된
추상을 추가하는 것이다.

```
    function downloadFiles(url, file) {
        downloadAllAsync(["a.txt", "b.txt", "c.txt"],
                           function(all) {
            var a = all[0], b = all[1], c = all[2];
            // ...
        });
    }
```

downloadAllAsync를 사용하면 여러 파일을 동시에 다운로드할 수 있다. 순

차적인 실행은 이전 연산이 끝나기 전까지는 각 연산이 초기화도 될 수 없다는 뜻이다. 그리고 데이터베이스에서 가져온 URL을 다운로드하는 등의 몇몇 연산은 선천적으로 순차적이다. 하지만 만약 다운로드할 파일 이름의 목록을 가지고 있다면 다음 파일을 요청하기 전에 이전 파일이 다운로드가 완료되기를 기다릴 필요가 없을 것이다. 아이템 66에서 downloadAllAsync 같은 동시적인 추상을 어떻게 구현하는지 설명할 것이다.

콜백을 감싸고 이름 짓는 것을 넘어서, 비동기의 흐름 제어를 더 간단하고 간결하게 만드는 더 높은 수준의 추상을 작성할 수도 있다. 아이템 68에서 특히 인기 있는 접근 방법 중 하나를 설명할 것이다. 이 외에도, 비동기 라이브러리를 찾아보거나 스스로 만든 추상으로 실험을 해보는 것도 좋다.

**기억할 점**

- 여러 개의 비동기 연산을 순서대로 수행하기 위해 감싸진 콜백이나 이름이 지정된 콜백 함수를 사용하라.
- 과도하게 감싸진 콜백과 감싸지지 않은 콜백의 어색한 이름 사이에서 균형을 맞추기 위해 노력하라.
- 동시에 실행될 수 있는 연산을 순차 실행하지 마라.

아이템 63

# 오류를 놓치지 않도록 조심하라

비동기 프로그래밍이 더 어려운 점 중 하나는 바로 에러 처리다. 동기적인 코드에서는 try 블록으로 코드의 일부를 감싸서 오류를 한번에 처리하기가 쉽다.

```
try {
    f();
    g();
    h();
} catch (e) {
    // 발생한 어떤 오류든지 처리한다...
}
```

비동기적인 코드에서는, 여러 단계의 프로세스가 주로 이벤트 큐의 별도의 턴으로 나누어지기 때문에 하나의 try 블록으로 모두를 감싸기가 불가능하다. 사실, 비동기식 API는 예외를 전혀 발생시키지도 못한다. 왜냐하면 비동기적인 에러가 발생했을 당시, 예외를 처리할 명백한 실행 컨텍스트가 없기 때문이다. 대신, 비동기 API는 콜백의 특수 인자로써 오류를 표현하거나, 추가적인 오류 처리 콜백 함수(때론 에러백(errback)이라고도 부른다)를 받아들인다. 예를 들어 아이템 61에서 다룬 것 같은 파일을 다운로드하는 비동기 API는 다음과 같이 네트워크 오류가 발생했을 때도 실행되는 추가 함수를 받아들일 것이다.

```
downloadAsync("http://example.com/file.txt", function(text) {
    console.log("File contents: " + text);
}, function(error) {
    console.log("Error: " + error);
});
```

여러 파일들을 다운로드하기 위해서는 아이템 62에서 설명한 것처럼 감싸진 콜백 함수를 사용하면 된다.

```
downloadAsync("a.txt", function(a) {
    downloadAsync("b.txt", function(b) {
        downloadAsync("c.txt", function(c) {
            console.log("Contents: " + a + b + c);
        }, function(error) {
            console.log("Error: " + error);
        });
    }, function(error) { // 반복된 오류 처리 로직
        console.log("Error: " + error);
    });
}, function(error) { // 반복된 오류 처리 로직
    console.log("Error: " + error);
});
```

이 예제에서, 진행의 각 단계에 동일한 오류 처리 함수를 사용하면서도 동일한 코드를 어떻게 여러 번 반복해서 사용하는지 주목하라. 프로그래밍에서는 중복된 코드를 만들지 않도록 항상 고심해야 한다. 공유된 스코프에 오류 처리 함수를 정의하여 쉽게 추상화하면 된다.

```
function onError(error) {
    console.log("Error: " + error);
}
downloadAsync("a.txt", function(a) {
    downloadAsync("b.txt", function(b) {
        downloadAsync("c.txt", function(c) {
            console.log("Contents: " + a + b + c);
        }, onError);
    }, onError);
}, onError);
```

물론, downloadAllAsync 같은 유틸리티로 여러 단계를 하나의 혼합된 연산으로 병합한다면, 다음과 같이 자연스럽게 하나의 오류 콜백을 전달하기만 하면 될 것이다.

```
downloadAllAsync(["a.txt", "b.txt", "c.txt"], function(abc) {
    console.log("Contents: " + abc[0] + abc[1] + abc[2]);
}, function(error) {
    console.log("Error: " + error);
});
```

오류 처리 API의 다른 스타일로, 오직 하나의 콜백만 받는 방법이 있다. Node.js 플랫폼 덕에 유명해진 이 방법은 첫 번째 인자로 error를 전달하며 오류

가 발생하면 해당 오류를, 그렇지 않으면 null 같은 false로 처리되는 값을 전달
한다. 이런 종류의 API에서도 역시 공통 오류 처리 함수를 정의할 수 있지만, 각
각의 콜백을 if 문으로 보호해야 한다.

```
function onError(error) {
    console.log("Error: " + error);
}
downloadAsync("a.txt", function(error, a) {
    if (error) {
        onError(error);
        return;
    }
    downloadAsync("b.txt", function(error, b) {
        // 중복된 에러 확인 로직
        if (error) {
            onError(error);
            return;
        }
        downloadAsync(url3, function(error, c) {
            // 중복된 에러 확인 로직
            if (error) {
                onError(error);
                return;
            }
            console.log("Contents: " + a + b + c);
        });
    });
});
```

이런 에러 콜백 스타일을 따르는 프레임워크에서 개발자들은 더 간결하고 에
러 처리에 더 집중할 수 있도록 if 문 다음에 오는 여러 줄의 코드를 중괄호로
감싸는 코딩 컨벤션을 종종 포기하기도 한다.

```
function onError(error) {
    console.log("Error: " + error);
}
downloadAsync("a.txt", function(error, a) {
    if (error) return onError(error);
    downloadAsync("b.txt", function(error, b) {
        if (error) return onError(error);
        downloadAsync(url3, function(error, c) {
            if (error) return onError(error);
            console.log("Contents: " + a + b + c);
        });
```

```
    });
});
```

또는, 항상 그렇듯이 단계들을 추상으로 결합하면 중복을 제거할 수 있다.

```
var filenames = ["a.txt", "b.txt", "c.txt"];
downloadAllAsync(filenames, function(error, abc) {
    if (error) {
        console.log("Error: " + error);
        return;
    }
    console.log("Contents: " + abc[0] + abc[1] + abc[2]);
});
```

try...catch와 비동기 API에서의 일반적인 오류 처리 로직 간의 실질적인 차이점 중 하나는, try를 사용하면 '모든 오류를 잡아내는' 로직을 정의하기 쉽기 때문에 코드의 전 영역에서 오류를 처리하는 것을 잘 잊지 않는다는 점이다. 이전 예제와 같은 비동기 API로는, 실행 단계 중 어디에서든 오류 처리를 제공하는 것을 깜빡하기가 매우 쉽다. 이로 인해 흔히 오류를 아무런 소리 없이 조용히 놓쳐버리게 된다. 오류를 무시하는 프로그램은 사용자에게 매우 실망스러울 수도 있다. 애플리케이션에서 무언가 잘못되었음에도 아무런 피드백을 주지 않는다면 말이다(때로는 진행 상태 알림 창이 사라지지 않고 계속해서 멈춰 있을 때도 있다). 유사하게, 조용한 오류를 디버그하는 것은 악몽같은 일이다. 문제의 원인에 대한 어떠한 단서도 제공하지 않기 때문이다. 가장 좋은 치료법은 예방이다. 비동기 API를 다룰 때는 모든 오류 조건을 명시적으로 처리하는지 항상 경계하고 확인해야 한다.

### 기억할 점

- 오류 처리 코드를 복사하여 붙여 넣지 말고 공유된 오류 처리 함수를 작성하라.
- 오류를 놓치지 않기 위해 모든 오류 조건을 명시적으로 처리하는지 확인하라.

# 비동기적인 반복문을 위해 재귀를 사용하라

URL의 배열을 받고, 한 번에 하나씩 하나의 다운로드가 완료되고 나면 다음 URL을 다운로드하는 함수가 있다고 가정해 보자. 만약 API가 동기식이라면 반복문으로 간단하게 구현할 수 있을 것이다.

```
function downloadOneSync(urls) {
    for (var i = 0, n = urls.length; i < n; i++) {
        try {
            return downloadSync(urls[i]);
        } catch (e) { }
    }
    throw new Error("all downloads failed");
}
```

하지만 이런 접근 방법은 downloadOneAsync에서는 제대로 동작하지 않는데, 콜백 안에서 반복문을 일시정지시키고 다시 반복하게 할 수가 없기 때문이다. 만약 반복문을 사용하려고 했다면 다음 다운로드를 시도하기 전에 이전의 다운로드를 기다리지 않고, 모든 다운로드를 초기화하게 될 것이다.

```
function downloadOneAsync(urls, onsuccess, onerror) {
    for (var i = 0, n = urls.length; i < n; i++) {
        downloadAsync(urls[i], onsuccess, function(error) {
            // ?
        });
        // 반복이 계속된다
    }
    throw new Error("all downloads failed");
}
```

따라서 반복문처럼 동작하지만 계속해서 실행하라고 명시적으로 지정하기 전까지는 기다리고 있는 무언가를 구현할 필요가 있다. 해결 방법은 반복문을 함수로 구현하고, 각 반복문을 언제 시작할지 결정할 수 있게 하는 것이다.

```
function downloadOneAsync(urls, onsuccess, onfailure) {
    var n = urls.length;
    function tryNextURL(i) {
        if (i >= n) {
            onfailure("all downloads failed");
            return;
        }
        downloadAsync(urls[i], onsuccess, function() {
            tryNextURL(i + 1);
        });
    }
    tryNextURL(0);
}
```

지역 tryNextURL 함수는 재귀적이다. 그 구현 자체가 자신을 다시 호출한다. 일반적인 자바스크립트 실행 환경에서 동기적으로 자기 자신을 호출하는 재귀적인 함수는 스스로를 너무 많이 호출하면 오류가 발생할 수 있다. 예를 들어, 다음과 같은 간단한 재귀 함수는 자기 자신을 100,000번 호출하려 하는데, 대부분의 자바스크립트 환경은 런타임 오류를 발생시킨다.

```
function countdown(n) {
    if (n === 0) {
        return "done";
    } else {
        return countdown(n - 1);
    }
}
countdown(100000); // 오류: 최대 콜 스택 크기를 초과함
```

countdown 함수에서 n이 너무 크면 오류가 발생하는데, 그렇다면 재귀적인 downloadOneAsync 호출을 어떻게 안전하게 만들 수 있을까? 이에 대한 해답을 얻기 위해, 간단한 우회 방법과 countdown에서 발생한 오류 메시지에 대해서 분석해 보자.

자바스크립트 실행 환경은 일반적으로 함수 호출에서 받은 리턴 이후에 어떤 작업을 할지 기록하기 위해서 메모리상의 고정된 크기를 따로 할당해 두는데, 이를 호출 스택이라고 부른다. 다음과 같은 간단한 프로그램을 실행한다고 가정해 보자.

```
function negative(x) {
    return abs(x) * -1;
```

```
}
function abs(x) {
    return Math.abs(x);
}
console.log(negative(42));
```

애플리케이션에서 Math.abs가 인자 42로 호출되는 시점에, 여러 함수 호출이 진행 중이고 각 함수는 다른 함수가 리턴하기를 기다리고 있다. 그림 7.2는 이 시점에서의 호출 스택을 묘사한다. 각 함수가 호출되는 시점에 함수 호출이 어디에서 발생하고, 해당 호출이 완료되었을 때 어디로 리턴해야 하는지, 총알 구멍(•) 기호가 프로그램 내의 위치를 묘사한다. 전통적인 스택 데이터 구조와 비슷하게, 이 정보는 '나중에 들어온 것이, 처음에 나가는(LIFO)' 프로토콜을 따

**그림 7.2** 간단한 프로그램이 실행 중일 때의 호출 스택

| (script start) | `console.log(•);` |
|---|---|
| `negative(42)` | `return times(•, -1);` |
| `abs(42)` | `return •;` |
| `Math.abs(42)` | `[built-in code]` |

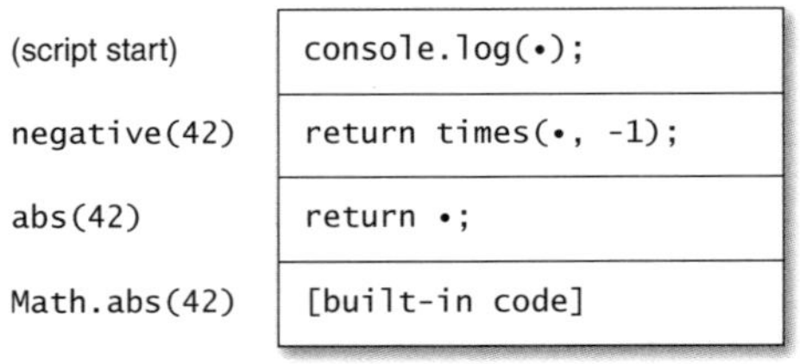

**그림 7.3** 재귀 함수가 실행 중일 때의 호출 스택

| (script start) | `console.log(•);` |
|---|---|
| `countdown(100000)` | `return countdown(•);` |
| `countdown(99999)` | `return countdown(•);` |
| `countdown(99998)` | `return countdown(•);` |
| ⋮ | |
| `countdown(1)` | `return countdown(•);` |
| `countdown(0)` | `return "done";` |

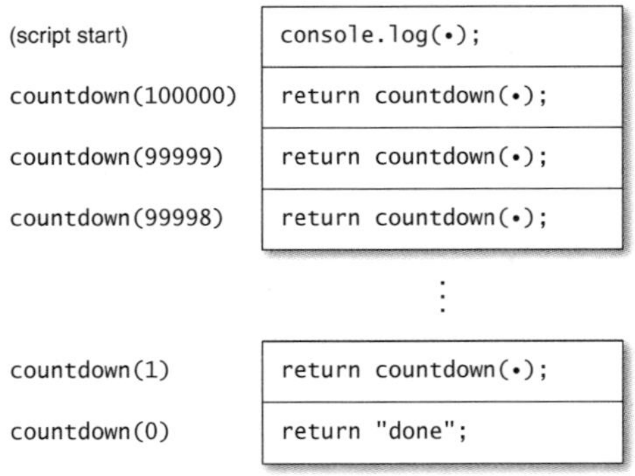

른다. 즉, 가장 최근에 호출된 함수가 스택에 푸시(push)되고(그림에서는 스택의 최하단 프레임으로 표현되었다), 팝(pop)되었을 때 가장 먼저 스택에서 빠져나올 것이다. Math.abs가 완료되면, abs 함수로 리턴하고, 이는 다시 negative 함수로 리턴하고, 이는 또 다시 가장 바같의 스크립트로 리턴하게 된다.

프로그램의 함수 호출 단계가 너무 깊어지면, 스택 공간이 부족해 질 수 있고 예외를 발생하는 결과를 낳게 된다. 이런 상태를 스택 오버플로(stack overflow)라고 한다. 예제에서 countdown(100000)을 호출하면, 그림 7.3에서 보여지는 것 같이 100,000번 자기 자신을 호출하게 되고, 매번 또 다른 스택 프레임을 푸시하게 된다. 스택 프레임을 저장하기 위한 공간이 아주 많이 필요해지면서 자바스크립트 실행 환경이 할당하고 있는 공간을 모두 사용하게 되면, 런타임 오류를 발생하게 된다.

이제 downloadOneAsync를 다시 살펴보자. 재귀적인 호출이 리턴하기 전까지 결과 값을 리턴할 수 없는 countdown과는 다르게, downloadOneAsync는 비동기 콜백 내에서 자기 자신을 호출하기만 한다. 비동기 API는 그 자신의 콜백 함수가 실행되기 전에 즉시 리턴한다는 사실을 기억하라. 따라서 downloadOneAsync는 어떤 재귀적인 호출이 호출 스택의 새로운 스택 프레임에 푸시되기 전에 리턴하고, 자기 자신의 스택 프레임을 호출 스택에서 팝시킨다. (사실, 콜백 함수는 항상 이벤트 루프의 독립된 턴에, 호출 스택이 처음으로 비어있을 때 자신의 이벤트 핸들러를 실행시킨다.) 따라서 downloadOneAsync는 얼마나 많은 반복을 실행하든지 절대로 호출 스택 공간을 잡아먹지 않는다.

### 기억할 점

- 반복문은 비동기가 될 수 없다.
- 이벤트 루프에서 별도의 턴에 반복문을 실행시키기 위해서 재귀적인 함수를 사용하라.
- 재귀는 이벤트 루프의 별도의 턴에서 실행되고, 호출 스택을 오버플로하지 않는다.

아이템 65

# 계산 중 이벤트 큐를 블로킹하지 마라

아이템 61에서는 프로그램이 애플리케이션의 이벤트 큐를 막지 않도록 도와주는 비동기 API에 대해 설명했다. 하지만 그게 전부는 아니다. 결국 모든 프로그래머들이 얘기하듯, 함수 호출 하나 없이도 애플리케이션을 멈춰 서게 만들기는 매우 쉽다.

```
while (true) { }
```

애플리케이션은 느린 프로그램을 작성하기 위한 무한 루프를 받아들이지 않는다. 코드는 실행될 시간이 필요하며, 비효율적인 알고리즘이나 데이터 구조는 오래 실행되는 계산을 초래하기도 한다.

물론, 효율성은 자바스크립트에서만 국한된 관심사는 아니다. 하지만 이벤트 기반의 프로그래밍은 특정한 제약을 강요한다. 클라이언트 애플리케이션에서 높은 수준의 상호작용을 유지하기 위해서, 혹은 서버 애플리케이션에서 유입되는 모든 요청을 적절하게 서비스할 수 있음을 보장하기 위해서, 이벤트 루프의 개별 턴을 가능한 한 짧게 유지하는 것이 매우 중요하다. 그렇지 않으면 이벤트 큐는 쌓이기 시작할 것이고, 이벤트 핸들러가 처리되어 줄어드는 속도보다 더 빠른 속도로 증가할 것이다. 브라우저에서 값비싼 연산은 사용자 경험에도 나쁜 영향을 초래한다. 왜냐하면 자바스크립트 코드가 실행되는 동안 페이지의 사용자 인터페이스는 거의 응답할 수 없는 상태가 되기 때문이다.

그럼 애플리케이션이 값비싼 연산을 수행할 필요가 있다면 어떻게 해야 할까? 정확한 정답은 없지만, 몇 가지 일반적인 사용 가능한 기법들이 있다. 아마도 가장 간단한 방법은 웹 클라이언트 플랫폼의 워커 API와 같은 동시성 메커니즘을 사용하는 것이다. 넓은 공간에서 이동 가능한 경로를 찾아야 하는 인공지능을 사용한 게임을 만들 때 좋은 접근 방법이 될 수 있다. 이 게임은 아마도 다음과 같이 움직임을 계산하기 위한 지정된 워커를 불러오는 것으로 시작할 것이다.

```
var ai = new Worker("ai.js");
```

이 코드는 워커의 스크립트로 ai.js 소스 파일을 사용해서 별도의 실행 이벤트 큐를 가지는 새로운 동시성 스레드를 부르는 효과가 있다. 워커는 완전히 독립된 상태에서 동작한다. 워커는 애플리케이션의 어떤 객체로도 직접 접근하지 않는다. 하지만, 애플리케이션과 워커는 서로에게 문자열 형식의 메시지를 보내서 통신을 할 수 있다. 따라서 게임에서 움직이기 위한 계산이 필요할 때마다, 다음과 같이 워커에 메시지를 보낸다.

```
var userMove = /* ... */;
ai.postMessage(JSON.stringify({
    userMove: userMove
}));
```

postMessage의 인자는 워커의 이벤트 큐에 메시지로써 추가된다. 워커로부터의 응답을 처리하기 위해서, 게임은 다음과 같이 이벤트 핸들러를 등록한다.

```
ai.onmessage = function(event) {
    executeMove(JSON.parse(event.data).computerMove);
};
```

반면에 소스 파일 ai.js는 워커가 메시지를 리스닝하도록 명령하고, 다음 움직임을 계산하기 위해 필요한 작업을 실행시킨다.

```
self.onmessage = function(event) {
    // 사용자 움직임을 파싱한다.
    var userMove = JSON.parse(event.data).userMove;
    // 다음 컴퓨터의 움직임을 생성한다.
    var computerMove = computeNextMove(userMove);
    // 컴퓨터의 동작을 포매팅한다.
    var message = JSON.stringify({
        computerMove: computerMove
    });
    self.postMessage(message);
};
function computeNextMove(userMove) {
    // ...
}
```

모든 자바스크립트 플랫폼이 워커 같은 API를 제공하는 것은 아니다. 그리고 때로는 메시지를 전달하는 오버헤드가 너무 클 수도 있다. 다른 접근 방법은 알고리즘을 처리 가능한 작업 단위로 구성되도록 여러 단계로 쪼개는 것이다. 소셜 네트워크 그래프를 탐색하기 위한 아이템 48의 작업 목록 알고리즘을 고려해 보자.

```
Member.prototype.inNetwork = function(other) {
    var visited = {};
    var worklist = [this];
    while (worklist.length > 0) {
        var member = worklist.pop();
        // ...
        if (member === other) { // 찾았다면?
            return true;
        }
        // ...
    }
    return false;
};
```

이 프로시저의 중심부에 있는 while 반복문에 너무 많은 비용이 든다면, 탐색은 수용할 수 없을 만큼 오랫동안 애플리케이션의 이벤트 큐를 블로킹하게 될 것이다. 워커 API가 사용 가능하더라도 네트워크 그래프의 전체 상태를 복사하거나, 워커에서 그래프 상태를 저장하거나, 갱신과 네트워크 질의를 항상 메시지로 전달해야 하기 때문에 비용이 비싸거나 구현하기 불편할 수 있다.

다행히도, 알고리즘은 개별 단계 즉 while 반복문의 각 이터레이션의 시퀀스로 정의가 되었다. callback 파라미터를 추가하고, 아이템 64에서 설명한 것처럼 while 반복문을 비동기적이고 재귀적인 함수로 대체하여 inNetwork를 비동기 함수로 변환할 수 있다.

```
Member.prototype.inNetwork = function(other, callback) {
    var visited = {};
    var worklist = [this];
    function next() {
        if (worklist.length === 0) {
            callback(false);
            return;
        }
    }
```

```
        var member = worklist.pop();
        // ...
        if (member === other) { // 찾았다면?
            callback(true);
            return;
        }
        // ...
        setTimeout(next, 0); // 다음 이터레이션을 스케줄링한다.
    }
    setTimeout(next, 0); // 다음 이터레이션을 스케줄링한다.
};
```

코드가 어떻게 동작하는지 자세히 살펴보자. while 반복문에서는 반복문의 이터레이션 하나를 수행하고 나서, 애플리케이션 이벤트 큐에서 비동기로 실행될 다음 이터레이션 스케줄링을 담당하는 next라는 이름의 지역 함수를 작성했다. 이 함수는 중간에 발생하는 다른 이벤트가 다음 이터레이션을 계속해서 실행하기 전에 처리될 수 있게 해 준다. 매칭되는 결과를 찾거나 작업 목록이 완료되거나 탐색이 완료되면, 결과 값으로 콜백을 호출하고 더 이상 이터레이션을 스케줄링하지 않도록 next를 리턴하여 효과적으로 반복문을 완료시킨다.

이터레이션을 스케줄링하기 위해서는, 많은 자바스크립트 플랫폼에서 사용 가능한 일반적인 setTimeout API를 사용하여 최소한의 경과 시간(0 밀리초) 후에 실행되도록 등록하였다. 이 코드는 콜백을 이벤트 큐에 거의 즉시 추가하는 효과가 있다. setTimeout이 비교적 플랫폼 간에 폭넓게 사용될 수 있지만, 간혹 더 나은 대체 방법이 사용 가능하다는 것을 언급할 가치가 있다. 예를 들어 브라우저 설정에서 실제로 최소 타임아웃을 4밀리초로 제한하고 있다면, 이벤트를 즉시 큐에 넣기 위해 postMessage를 대안으로 사용할 수 있다.

만약 애플리케이션 이벤트 큐의 각 턴에 알고리즘의 이터레이션 중 하나만 실행하는 게 너무 지나치다면, 각 차례에 지정된 숫자의 이터레이션을 실행하도록 알고리즘을 튜닝할 수 있다. next의 주요 부분을 둘러싼 간단한 카운터 반복문으로 이런 처리가 가능하다.

```
Member.prototype.inNetwork = function(other, callback) {
    // ...
    function next() {
        for (var i = 0; i < 10; i++) {
```

```
            // ...
        }
        setTimeout(next, 0);
    }
    setTimeout(next, 0);
};
```

**기억할 점**

- 메인 이벤트 큐에서 값비싼 알고리즘을 수행하지 마라.

- 플랫폼에서 지원한다면, 복잡한 연산을 별도의 이벤트 큐에서 실행하는 데 워커 API
  을 사용할 수 있다.

- 워커 API나 사용 불가능하거나 너무 비용이 많이 든다면, 계산을 이벤트 루프의 여
  러 턴으로 쪼개는 것을 고려하라.

아이템 66

# 동시성 연산을 수행하기 위해
# 카운터를 사용하라

아이템 63에서 URL의 배열을 받아 모두를 다운로드하고, 각 url당 하나의 문자열로된 파일 내용의 배열을 반환하는 downloadAllAsync 유틸리티 함수를 제안했다. 감싸진 콜백을 깔끔하게 처리하는 것을 제외하고, downloadAllAsync의 주요 장점은 각 파일이 다운로드 완료되기를 기다리는 대신, 이벤트 루프의 한 턴에서 모든 다운로드를 한 번에 초기화하고 여러 파일을 동시에 다운로드하는 것이다.

동시성 로직은 섬세하고 잘못 사용하기 쉽다. 다음 코드는 작은 결함을 우회하는 구현 방법이다.

```javascript
function downloadAllAsync(urls, onsuccess, onerror) {
    var result = [], length = urls.length;
    if (length === 0) {
        setTimeout(onsuccess.bind(null, result), 0);
        return;
    }
    urls.forEach(function(url) {
        downloadAsync(url, function(text) {
            if (result) {
                // 경쟁 상황(race condition)
                result.push(text);
                if (result.length === urls.length) {
                    onsuccess(result);
                }
            }
        }, function(error) {
            if (result) {
                result = null;
                onerror(error);
            }
        });
    });
}
```

이 함수는 심각한 버그를 가지고 있다. 하지만 우선 어떻게 동작하는지 살펴보자. 입력 배열이 비어 있다면, 콜백이 빈 결과 배열로 실행된다고 보장하는 것으로 시작한다. 그렇지 않으면, forEach 반복문이 비어 있을테니, 두 콜백은 절대 실행되지 않을 것이다. (아이템 67에서 onsuccess 콜백을 실행시키기 위해 직접 호출하는 대신 왜 setTimeout을 사용하는지 설명한다.) 다음으로, URL 배열을 순회하고, 각각을 비동기적으로 다운로드 요청한다. 각 다운로드의 성공 처리를 위해, 결과 배열에 파일 내용을 추가한다. 만약 모든 URL이 성공적으로 다운로드되었다면, 완료된 결과 배열로 onsuccess 콜백을 호출할 것이다. 어떤 다운로드라도 실패한다면, 오류 값으로 onerror 콜백을 실행할 것이다. 여러 다운로드가 실패하는 경우에, 처음 발생한 오류의 onerror가 한 번만 호출되도록 결과 배열도 null로 설정한다.

무엇이 잘못 되었는지 확인하기 위해 다음을 고려해 보자.

```
var filenames = [
    "huge.txt", // 큰 파일
    "tiny.txt", // 작은 파일
    "medium.txt" // 중간 크기의 파일
];
downloadAllAsync(filenames, function(files) {
    console.log("Huge file: " + files[0].length); // 짧음 길이
    console.log("Tiny file: " + files[1].length); // 중간 길이
    console.log("Medium file: " + files[2].length); // 긴 길이
}, function(error) {
    console.log("Error: " + error);
});
```

파일들이 동시에 다운로드되기 때문에, 이벤트들이 임의의 순서로 발생(그리고 결과적으로 애플리케이션의 이벤트 큐에 추가된다)할 수 있다. 예를 들어, 만약 tiny.text가 먼저 완료되고 medium.txt와 hugh.txt가 뒤어어 완료된다면, downloadAllAsync에 설치된 콜백이 생성된 순서와는 다른 순서로 호출될 것이다. 하지만 downloadAllAsync의 구현은 각각의 중간 결과가 도착하자마자 결과 배열의 마지막에 푸시한다. 따라서 downloadAllAsync는 알 수 없는 순서로 저장된 다운로드 파일을 포함하는 배열을 만들어 낸다. 이런 API를 제대로 사용하기란 거의 불가능하다. 어떤 결과가 어떤 내용인지 알아낼 방법이 없기

때문이다. 이전 예제에서는 결과가 입력 배열과 동일한 순서임을 가정하기 때문에 이 경우에는 완전히 실패할 것이다.

아이템 48에서 비결정론적인 아이디어, 자바스크립트에서 동시적인 이벤트는 가장 중요한 비결정론의 근원이다. 구체적으로 말하면, 이벤트의 발생 순서가 보장되지 않는 것은 애플리케이션을 한번 실행할 때와, 다음에 다시 실행할 때도 마찬가지다.

애플리케이션이 제대로 동작하기 위해 특별한 이벤트 순서에 의존한다면, 여러 개의 동시적인 동작이 발생하는 순서에 따라 공유된 데이터 구조를 다르게 수정할 수 있는 데이터 경쟁에 시달리고 있다는 뜻이다. (직관적으로, 동시적인 연산은 각자 누가 먼저 완료되는지 '경쟁'한다.) 데이터 경쟁은 정말로 가학적인 버그다. 동일한 프로그램을 두 번 실행켜도 매번 다르게 동작하는 결과를 보이기 때문에 특정 테스트 실행에서는 나타나지도 않을 수 있다. 예를 들어, downloadAllAsync의 사용자가 어떤 파일이 먼저 다운로드되는 경향이 있는지에 근거해 파일의 순서를 변경할 수 있다.

```
downloadAllAsync(filenames, function(files) {
    console.log("Huge file: " + files[2].length);
    console.log("Tiny file: " + files[0].length);
    console.log("Medium file: " + files[1].length);
}, function(error) {
    console.log("Error: " + error);
});
```

이 경우 대부분 결과가 동일한 순서로 들어오겠지만, 간혹 어쩌면 서버의 처리량의 변화나 네트워크 캐시에 따라 파일들이 예상된 순서대로 도착하지 않을 수 있다. 이런 동작은 재현하기가 너무 어렵기 때문에 진단하기에 가장 어려운 버그처럼 보인다. 물론, 다시 파일들을 순서대로 다운로드하도록 되돌릴 수 있지만, 그렇게 하면 동시성의 성능적인 이점을 잃게 된다.

해결 방법은 downloadAllAsync를 예측 불가능한 이벤트의 순서에 관계 없이 결과가 항상 예측 가능하도록 구현하는 것이다. 각 결과를 배열의 마지막에 푸시하는 대신에, 원본 인덱스의 위치에 저장한다.

```
function downloadAllAsync(urls, onsuccess, onerror) {
    var length = urls.length;
    var result = [];
    if (length === 0) {
        setTimeout(onsuccess.bind(null, result), 0);
        return;
    }
    urls.forEach(function(url, i) {
        downloadAsync(url, function(text) {
            if (result) {
                result[i] = text; // 고정된 인덱스에 저장한다.
                // 경쟁 상태
                if (result.length === urls.length) {
                    onsuccess(result);
                }
            }
        }, function(error) {
            if (result) {
                result = null;
                onerror(error);
            }
        });
    });
}
```

이 구현은 현재 이터레이션의 배열 인덱스를 제공하는 forEach 콜백의 두 번째 인자를 이용한다. 불행히도, 이 구현은 여전히 잘못되었다. 아이템 51은 배열 갱신의 제약에 대해 설명한다. 인덱스가 지정된 프로퍼티를 설정하는 것은 배열의 length 프로퍼티가 항상 그 인덱스보다 크다는 것을 보장한다. 다음과 같은 요청을 가정해 보자.

```
downloadAllAsync(["huge.txt", "medium.txt", "tiny.txt"]);
```

tiny.txt 파일이 다른 파일보다 먼저 로딩이 끝난다면, 결과 배열은 인덱스 2에 있는 프로퍼티를 얻어오려 할 것이다. 이는 result.length를 3으로 갱신시킨다. 사용자의 onsuccess 콜백은 결과의 배열이 완료되기 전에 너무 일찍 호출된다.

올바른 구현은 대기 중인 연산의 수를 추적하는 카운터를 사용하는 것이다.

```
function downloadAllAsync(urls, onsuccess, onerror) {
    var pending = urls.length;
    var result = [];
```

```
    if (pending === 0) {
        setTimeout(onsuccess.bind(null, result), 0);
        return;
    }
    urls.forEach(function(url, i) {
        downloadAsync(url, function(text) {
            if (result) {
                result[i] = text; // 고정된 인덱스에 저장한다.
                pending--; // 다운로드 성공을 저장한다.
                if (pending === 0) {
                    onsuccess(result);
                }
            }
        }, function(error) {
            if (result) {
                result = null;
                onerror(error);
            }
        });
    });
}
```

이제 이벤트가 어떤 순서로 발생하든지 관계 없이, pending 카운터가 정확하게 모든 이벤트가 완료되었음을 나타내고, 완료된 결과가 적절한 순서로 반환된다.

### 기억할 점

- 자바스크립트 애플리케이션에서 이벤트는 비결정론적으로, 즉 예측 불가능한 순서로 발생한다.
- 동시 연산에서 데이터 경쟁을 피하기 위해 카운터를 사용하라.

# 비동기 콜백을 절대 동기적으로 호출하지 마라

캐시(아이템 45에서 Dict.see로 구현한 것처럼)를 유지하여 동일한 파일을 여러 번 다운로드하지 않는 downloadAsync의 변형이 있다고 가정해 보자. 파일이 이미 캐시된 상황이라면, 아마도 콜백을 즉시 실행하려 할 것이다.

```
var cache = new Dict();
function downloadCachingAsync(url, onsuccess, onerror) {
    if (cache.has(url)) {
        onsuccess(cache.get(url)); // 동기적인 호출
        return;
    }
    return downloadAsync(url, function(file) {
        cache.set(url, file);
        onsuccess(file);
    }, onerror);
}
```

데이터가 사용 가능하다면 마치 즉시 제공하는 것처럼 보일만큼 자연스럽기 때문에, 이 구현은 비동기적인 API 사용자의 기대를 미묘하게 위반한다. 우선, 예상된 실행 순서를 바꾼다. 아이템 62에서 다음과 같은 예제를 보여주었다. 이 예제는 항상 예측 가능한 순서로 로그 메시지를 출력하는, 잘 동작하는 비동기 API다.

```
downloadAsync("file.txt", function(file) {
    console.log("finished");
});
console.log("starting");
```

이전 예제의 downloadCachingAsync 같은 간략한 구현 예제에서, 이런 클라이언트 코드는 어떤 파일이 캐싱되었는지에 따라 다음과 같이 다른 순서로 이벤트를 로깅할 수 있다.

```
downloadCachingAsync("file.txt", function(file) {
    console.log("finished"); // 먼저 발생할 수도 있다.
});
console.log("starting");
```

메시지 로깅의 순서가 이런 달라진 순서의 한 예다. 더 일반적으로, 비동기 API의 목적은 이벤트 루프의 턴을 엄격하게 구분하여 유지하는 것이다. 아이템 61에서 설명한 것처럼 이는 이벤트 루프의 한 턴에서, 공유된 데이터 구조를 다른 코드가 동시에 변경하는지 걱정할 필요가 없도록 코드를 완화시켜 동시성을 간단하게 만든다. 동기적으로 호출되는 비동기적인 콜백은, 이벤트 루프의 별도의 턴에 실행하도록 의도된 코드를, 현재 턴이 완료되기 전에 실행하기 때문에 이런 구분을 침해한다.

예를 들어, 애플리케이션은 다음과 같이 파일을 다운로드하고 사용자에게 메시지를 표시하기 위해 남겨진 파일의 큐를 유지할 수 있다.

```
downloadCachingAsync(remaining[0], function(file) {
    remaining.shift();
    // ...
});
status.display("Downloading " + remaining[0] + "...");
```

만약 콜백이 동기적으로 실행된다면, 표시 메시지는 잘못된 파일 이름(또는 더 나쁘게도, 큐가 비어 있다면 "undefined")을 보여줄 것이다.

비동기적인 콜백을 실행하면 더 미묘한 문제를 일으킬 수 있다. 아이템 64에서 비동기 콜백이 기본적으로 비어 있는 호출 스택으로 실행되기로 의도되어 있음을 설명하였다. 따라서 비동기적인 반복문을 재귀 함수로 구현하는 편이 바인딩되지 않은 호출 스택 공간을 누적시키는 위험이 없기 때문에 더 안전하다. 동기적인 호출은 이런 보장을 무효화하기 때문에, 표면상 비동기적인 반복문이 호출 스택 공간을 다 써버릴 수도 있다. 또 다른 문제는 예외 처리에 있다. 이전의 downloadCachingAsync 구현으로는, 만약 콜백이 예외를 발생한다면 기대한 것처럼 구분된 턴에서 발생하지 않고, 다운로드를 초기화한 이벤트 루프의 턴에서 발생할 것이다.

콜백이 항상 비동기적으로 실행되도록 보장하기 위해서, 이미 존재하는 비동기 API를 사용할 수 있다. 아이템 65와 66에서 했던 것처럼, 공용 라이브러리 함수 setTimeout을 사용해서 최소 타임아웃 이후에 이벤트 큐에 콜백을 추가할 수 있다. 플랫폼에 따라 즉각적인 이벤트를 스케줄링하기 위해 setTimeout보다 더 선호할 만한 대안이 있을 수도 있다.

```
var cache = new Dict();
function downloadCachingAsync(url, onsuccess, onerror) {
    if (cache.has(url)) {
        var cached = cache.get(url);
        setTimeout(onsuccess.bind(null, cached), 0);
        return;
    }
    return downloadAsync(url, function(file) {
        cache.set(url, file);
        onsuccess(file);
    }, onerror);
}
```

**기억할 점**

- 데이터가 즉시 사용 가능하더라도, 절대로 비동기 콜백을 동기적으로 호출하지 마라.
- 비동기 콜백을 동기적으로 호출하면 기대한 연산의 순서를 방해하고, 예상치 않은 코드의 간섭을 초래할 수 있다.
- 비동기 콜백을 동기적으로 호출하면 스택 오버플로나 처리되지 않는 예외를 초래할 수 있다.
- 비동기 콜백을 다른 턴에 실행되도록 스케줄링하기 위해 setTimeout 같은 비동기 API를 사용하라.

# 더 깔끔한 비동기 로직을 위해 promise를 사용하라

비동기 API를 구조화하는 인기 있는 대안은 promise(deferred나 future로도 알려져 있다)를 사용하는 것이다. 이 장에서 논의한 비동기 API는 다음과 같이 콜백을 인자로 받아들여 왔다.

```javascript
downloadAsync("file.txt", function(file) {
    console.log("file: " + file);
});
```

대조적으로, promise 기반의 API는 인자로 콜백을 받아들이지 않는다. 대신, promise 객체를 반환한다. promise 객체는 그 자신의 then 메서드로 콜백을 받아들인다.

```javascript
var p = downloadP("file.txt");
p.then(function(file) {
    console.log("file: " + file);
});
```

지금까지 이 코드는 원본 버전과 별반 다를 게 없어 보인다. 하지만 promise의 힘은 그 구성력(composability)에 있다. then에 전달된 콜백은 효과(이전 예제에서, 콘솔에 출력하는 것 같은)를 일으킬 뿐만 아니라 결과를 만들어 내는데에도 쓰인다. 콜백에서 값을 반환하는 것으로 새로운 promise 객체를 만들수 있다.

```javascript
var fileP = downloadP("file.txt");
var lengthP = fileP.then(function(file) {
    return file.length;
});
lengthP.then(function(length) {
    console.log("length: " + length);
});
```

promise를 이해하는 한 가지 방법은 promise가 최종적인 값을 표현하는 객체라고 생각하는 것이다. promise 객체는 아직 완료되지 않았을 수도 있는 동시 연산을 감싸고 있지만, 결국은 결과 값을 만들어 낸다. then 메서드는 최종적인 값의 한 종류를 표현하는 하나의 promise 객체를 받을 수 있게 해주고, 콜백에서 어떤 값을 반환하더라도 또 다른 최종 값의 종류를 표현하는 새로운 promise 객체를 생성한다.

이미 존재하는 promise에서 새로운 promise를 생성하는 능력은 엄청난 유연성을 주고, 간단하지만 매우 강력한 몇몇 코딩 관례를 사용 가능하게 한다. 예를 들어, 다음과 같이 여러 promise들의 결과를 합쳐주는 join과 같은 유틸리티도 비교적 쉽게 만들 수 있다.

```
var filesP = join(downloadP("file1.txt"),
                  downloadP("file2.txt"),
                  downloadP("file3.txt"));
filesP.then(function(files) {
    console.log("file1: " + files[0]);
    console.log("file2: " + files[1]);
    console.log("file3: " + files[2]);
});
```

promise 라이브러리는 보통 비슷하게 사용할 수 있는 when, which라는 유틸리티 함수를 제공하기도 한다.

```
var fileP1 = downloadP("file1.txt"),
    fileP2 = downloadP("file2.txt"),
    fileP3 = downloadP("file3.txt");
when([fileP1, fileP2, fileP3], function(files) {
    console.log("file1: " + files[0]);
    console.log("file2: " + files[1]);
    console.log("file3: " + files[2]);
});
```

promise가 훌륭한 추상화 레벨인 이유는 동시성 콜백을 통해 공유 데이터 구조를 작성하는 대신에, then 메서드에서 반환한 값의 결과나 join 같은 유틸리티로 promise들을 구성하여 통신하기 때문이다. 이는 아이템 66에서 논의한 데이터 경쟁을 피할 수 있기 때문에 선천적으로 안전하다. 대부분의 성실한 프로그래머조차 공유된 변수나 데이터 구조에서 비동기적인 연산의 결과를 저장할 때 간단한 실수를 하기 마련이다.

```
var file1, file2;
downloadAsync("file1.txt", function(file) {
    file1 = file;
});
downloadAsync("file2.txt", function(file) {
    file1 = file; // 잘못된 변수
});
```

promise를 사용하면 간결하게 promise들을 구성하는 스타일이 공유된 데이터를 변경하지 않게 해주기 때문에 이런 종류의 버그를 피할 수 있다.

promise를 사용하면 비동기적인 로직의 순차적인 체인이, 아이템 62에서 설명한 거추장스럽게 감싸는 패턴이 아니라 실제로 순차적으로 나타난다는 점에도 주목하라. 게다가 오류 처리는 자동으로 promise를 통해 전파된다. 비동기적인 연산의 모음을 promise를 통해 체이닝하면, 아이템 63의 코드에서처럼 모든 단계에 오류 콜백을 전달하지 않고 모든 시퀀스를 위한 하나의 오류 콜백만 제공하면 된다.

이럼에도 불구하고, 어떤 종류의 경쟁을 의도적으로 만드는 게 유용할 때도 있다. 그리고 promise는 이를 위한 우아한 메커니즘을 제공한다. 예를 들어 애플리케이션이 동일한 파일을 동시에 여러 개의 다른 서버에서 다운로드하고, 어디든지 가장 먼저 완료되는 파일을 사용할 필요가 있을 수도 있다. select(또는 choose) 유틸리티는 여러 개의 promise를 받고, 어느 값이든 가장 먼저 사용하게 되는 결과의 promise를 만든다. 다시 말해, select는 여러 promise를 서로 '경쟁'시킨다.

```
var fileP = select(downloadP("http://example1.com/file.txt"),
                   downloadP("http://example2.com/file.txt"),
                   downloadP("http://example3.com/file.txt"));
fileP.then(function(file) {
    console.log("file: " + file);
});
```

select의 다른 사용 방법으로 너무 오래 걸리는 연산을 중지하는 타임아웃을 제공할 수 있다.

```
var fileP = select(downloadP("file.txt"), timeoutErrorP(2000));
fileP.then(function(file) {
    console.log("file: " + file);
}, function(error) {
    console.log("I/O error or timeout: " + error);
});
```

마지막 예제에서는, then의 두 번째 인자로 promise에 오류 콜백을 제공하는 메커니즘을 보여주었다.

### 기억할 점

- promise는 최종적인 값, 즉 최종적으로 결과를 만들어 내는 동시적인 계산을 표현한다.
- 서로 다른 여러 동시 연산들을 구성하기 위해 promise를 사용하라.
- 데이터 경쟁을 피하기 위해 promise API를 사용하라.
- 의도적인 경쟁 상태가 필요한 경우에는 select(또는 choose)를 사용하라.

# 찾아보기